Sajjad Bhuiyan

Sustentabilidade da indústria de aquacultura do camarão costeiro

Sajjad Bhuiyan

Sustentabilidade da indústria de aquacultura do camarão costeiro

Perspetiva do Bangladesh

ScienciaScripts

Imprint

Cover image: www.ingimage.com

This book is a translation from the original published under ISBN 978-3-659-85829-1.

Publisher:
Sciencia Scripts
is a trademark of
Dodo Books Indian Ocean Ltd. and OmniScriptum S.R.L publishing group

120 High Road, East Finchley, London, N2 9ED, United Kingdom
Str. Armeneasca 28/1, office 1, Chisinau MD-2012, Republic of Moldova, Europe
Printed at: see last page
ISBN: 978-620-8-31503-0

Índice

Agradecimentos

Gostaria de expressar a minha gratidão a todos os que me deram o seu apoio para concluir este trabalho. Quero agradecer à Escola de Ambiente da Universidade Flinders da Austrália do Sul pelo seu apoio com os seus ricos recursos e todas as outras instalações.

Dr. Beverly Clarke, da Escola de Ambiente da Flinders University of South Australia, pela sua paciente supervisão, sugestões estimulantes e encorajamento.

Estou grato aos funcionários dos sub-distritos de Patuakhali, Khulna e Sathkhira, no Bangladesh. Os meus amigos da Universidade de Flinders foram de grande ajuda nos momentos difíceis.

Por último, gostaria de agradecer especialmente à minha mulher Nadira Sultana, cujo amor paciente me permitiu concluir este trabalho.

CAPÍTULO 1

Antecedentes e contexto do estudo

1.1 Introdução

A produção de peixe em águas abertas está a diminuir de dia para dia devido a causas naturais e artificiais, como a exploração excessiva dos recursos aquáticos. Assim, a aquacultura tem sido popular para aumentar a produção de peixe (DoF 2011). A aquacultura de camarão (também conhecida como cultivo de camarão) tem sido um dos sectores de aquacultura de crescimento mais rápido em muitas partes do mundo desde o início dos anos 70 (Islam **et al.** 2004; FAO 2006). Geralmente, na aquicultura, os camarões são cultivados num corpo de água controlado e fechado com alimento suplementar.

No início da década de 1980, a indústria cresceu rapidamente, mas em poucos anos o crescimento não planeado da indústria resultou numa quebra de produção e suscitou preocupações ecológicas e socioeconómicas (Arquitt **et al.** 2005). Neste contexto, a FAO (Organização das Nações Unidas para a Alimentação e a Agricultura) analisou o estado da aquicultura mundial em 1995. A FAO (1995 citado em Greenpeace 2007, p.173) afirmou que

> "A inexorável expansão global da criação de camarões marinhos, gerada pela procura do mercado, por ganhos a curto prazo e pelo apoio dos governos devido às receitas de exportação, trouxe consigo sistemas superintensivos, agricultores nómadas, conflitos ambientais e sociológicos, problemas de qualidade da água e de doenças e quebras na produção de **alguns países".**

O relatório de revisão da FAO tem paralelos com a situação atual da indústria de aquacultura de camarão costeiro do Bangladesh (UNEP 1999; EC 2002; CDP 2010).

A aquicultura do camarão tem sido uma parte essencial do sector das pescas do Bangladesh desde há centenas de anos, mas a aquicultura comercial do camarão costeiro é um desenvolvimento relativamente recente (CE 2002). O aumento da procura internacional e a subida constante dos preços contribuíram para o aparecimento deste sector em plena expansão. Apesar do seu crescimento encorajador e das receitas de exportação nos últimos anos, a indústria tem sido criticada pelos seus impactos ecológicos e socioeconómicos devastadores. Sob a pressão crescente da sociedade civil e das comunidades locais, o conceito de aquicultura sustentável é cada vez mais reconhecido pelo Governo do Bangladesh e por outros intervenientes no sector.

No entanto, qualquer iniciativa sustentável de criação de camarão requer um conhecimento do sector atual. Assim, a fim de assegurar o seu desenvolvimento sustentável, este estudo pretende identificar as questões importantes relacionadas com o sector da aquicultura de camarão costeiro do Bangladesh que devem ser abordadas.

1.2 Questões de investigação

O debate acima referido suscita um conjunto de questões de carácter geral. Qual é a extensão da degradação ambiental e socioeconómica devida à criação de camarão costeiro no Bangladesh? Quais são as respostas políticas? As respostas políticas são suficientemente adequadas para acompanhar o ritmo de crescimento do sector? Existem diretrizes internacionais universalmente acordadas para uma aquicultura sustentável (especialmente para a aquicultura costeira de camarão)? Existe algum quadro de avaliação viável para avaliar a sustentabilidade das indústrias de aquicultura costeira de camarão de países em desenvolvimento como o Bangladesh?

1. 3Os objectivos da investigação

Para responder a estas questões, a presente investigação tem cinco objectivos principais

Estabelecer a extensão geográfica da degradação ambiental e socioeconómica causada pela aquicultura costeira de camarão no Bangladesh.

Investigar os códigos e diretrizes internacionais existentes para a aquicultura sustentável (especialmente a aquicultura costeira de camarão) como base para examinar a situação no Bangladesh.

Desenvolver um quadro de avaliação composto (com base nos códigos existentes) para avaliar a sustentabilidade da indústria da aquicultura costeira no Bangladesh.

Fazer uma avaliação da sustentabilidade da aquicultura costeira de camarão no Bangladesh.

Fazer recomendações com base nos resultados desta avaliação.

1.4Visão geral da indústria de aquacultura de camarão costeiro do Bangladesh e problemas relacionados

A aquicultura do camarão costeiro começou no Bangladesh em meados da década de 1970 (CE 2002). Os 750 km de costa e o clima marítimo tropical do país proporcionam um ambiente natural ideal para a aquicultura comercial de camarão (UNEP 1999). Embora a aquicultura de camarão seja conduzida em 20 distritos (BSFF 2011), a indústria de camarão costeiro está concentrada principalmente nos distritos costeiros do sudoeste de **Khulna**, **Satkhira** e **Bagerhat** (ver figuras 1 e 2) (Islam 2008). Atualmente, existem 38.000 fazendas de camarão costeiro de várias escalas no país (DoF, 2011). Nos últimos 40 anos, a área de cultivo expandiu-se de 20.000 hectares para 170.000 hectares (BOBLME 2004).

A figura 3 ilustra os dois tipos de camarões que são cultivados nas regiões costeiras do Bangladesh. São eles o **Penaeus monodon** (nome local **bagda Chringi**) **e o Macrobrachium rosenbergii** (nome local **galda Chringi**) (DoF 2011). Entre as espécies cultivadas, o camarão-tigre preto constitui mais de 90% do total das exportações de camarão do Bangladesh (Islam 2008). Devido à sua qualidade muito elevada em termos de tamanho, cor e textura muscular, o camarão-tigre preto é muito popular em todo o mundo (Alam **et al.** 2005).

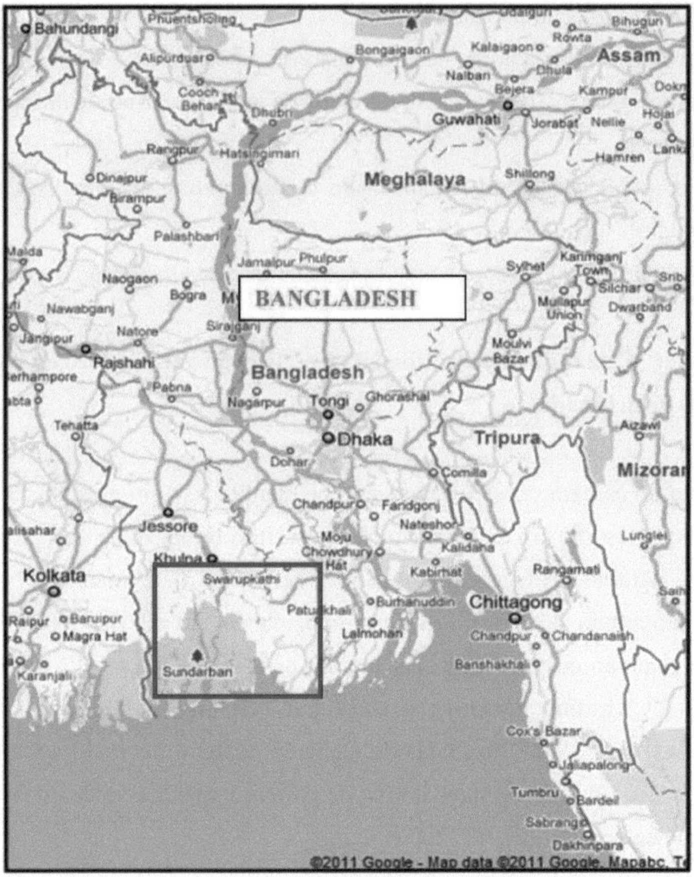

□ Shrimp farming areas

Figura: 1 Áreas de cultivo de camarão no Bangladesh
(Google maps 2011; Ahmed 2011; BSFF 2011)

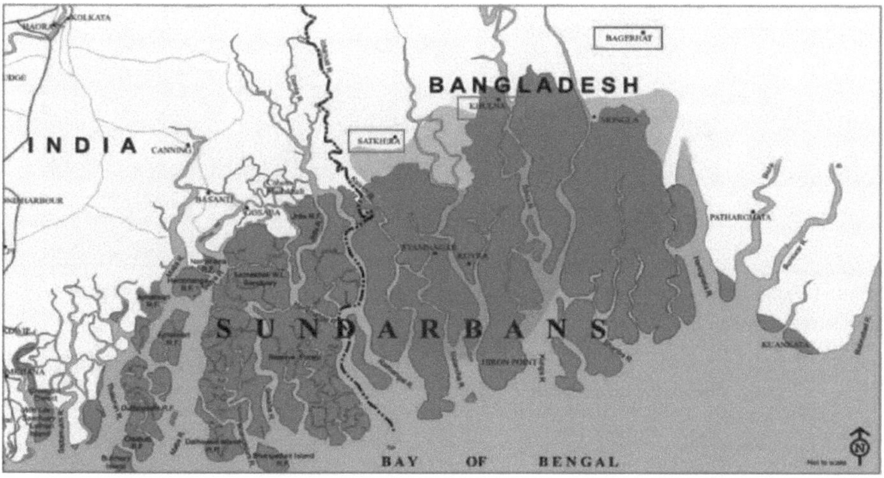

—— District boundary ▇ Farming areas ▇ Sunderban forests

Figura: 2 Zonas de cultura de camarão no Bangladesh

(Google maps 2011; Ahmed 2011; BSFF 2011, não paginado)

a. *Penaeus monodon (bagda)* b. *Macrobrachium rosenbergii (galda)*

Figura: 3 Tipos de camarão cultivados no Bangladesh (EPB 2010; BDCAN 2011, não paginado)

A criação extensiva tradicional de camarão, ilustrada na figura 4, começou com a captura de larvas de camarão em tanques que entravam nos tanques com água da maré durante a maré alta. Este sistema geralmente não requer alimentação suplementar, fertilizantes ou outros factores de produção. Mas com a crescente procura dos mercados internacionais, os agricultores começaram a praticar sistemas de cultura intensivos e semi-intensivos (ver figura 5) na década de 1980. Este sistema de cultura requer alimentação suplementar, fertilizantes e outros factores de produção (ver quadro 1) (UNEP 1999; Swapan e Gavin 2011).

Figura: 4 Exploração extensiva de camarão (Anwar 2003, p.9; DoF 2011, não paginado)

Figura: 5 Exploração semi-intensiva de camarão (Anwar 2003, p.9; DoF 2011, não paginado)

Tabela: 1 Entrada e saída dos principais sistemas de cultivo de camarão (UNEP 1999).

Item	Extensive	Semi-Intensive	Intensive
Pond size	5 hectares or larger	1-5 hectares	1 hectare or smaller
Stocking density	3,000-20,000/hectares	25,000-80,000/hectares	over 80,000/hectares
Water management	Mostly tidal	Pumping, some aeration	Pumping, aeration and treatment
Fry sources	Wild or hatchery	Wild or hatchery	Hatchery
Feeding	Natural through fertilisation	Fertilisation with supplementary feed	Formulated diet
Crops per year	1—3	2	2—2.52
Production	300—800 kg/hectare/hr	1-3 Mt/hectares/yr	8-12 Mt/hectares/yr
Production cost	US$ 2.20-3.85/kg	US$ 3.30-6.60/kg	US$ 6.60-10.00/kg

O financiamento de doadores internacionais (Swapan e Gavin 201) e iniciativas governamentais como leis de arrendamento de terras; crédito subsidiado e um feriado fiscal de nove anos[I] aceleraram o cultivo comercial de camarão em Bangladesh (DoF 2006). A aquicultura de camarão é uma atividade exclusivamente orientada para a exportação. Esta indústria é a segunda maior indústria de exportação do país (DoF 2011; DoF 2006). O Bangladesh produz mais de 67.000 toneladas de camarão (FAO 2011) e gera mais de US$ 300 milhões anualmente (ver figura 6) (USAID 2005). A maior parte da produção de camarão é exportada principalmente para os EUA, Japão e UE (EPB 2011). Cerca de 100000 pessoas estão empregadas neste sector (BFRI 2010). Estas pessoas trabalham principalmente em viveiros de camarão, na recolha de alevins de camarão selvagem e em fábricas de transformação (BOBLME 2004).

Figura: 6 Tendência da exportação de camarão do Bangladesh (EPB 2011, BFFEA 2011).

Para além das suas promissoras receitas de exportação (Paul e Vogl 2011), esta indústria de capital intensivo tem vindo a representar uma séria ameaça para o ambiente ecológico e socioeconómico local ao longo do tempo. Os impactos ecológicos negativos incluem o aumento da salinidade na terra e na água; poluição química e biológica; destruição de florestas de mangue; alteração de zonas húmidas; perda ou modificação de habitats, etc. (primavera 1997; UNEP, 1999; EJF 2004a; Chowdhury **et al.** 2006; Hoq 2007; Azad **et al.** 2009; BFRI 2010; Paul e Vogl 2011). Os impactos socioeconómicos negativos incluem a perda de direitos às terras; o aumento do

[I] **Isenção de impostos: redução ou eliminação temporária de um imposto para incentivar o crescimento do sector** desemprego; a distribuição desigual do rendimento e dos lucros; a incidência de actos violentos, etc. (PNUA 1999; Nijera Kori 2011; Swapon e Gavin 2011; Paul e Vogl 2011).

1.5 Governação da indústria de aquacultura de camarão costeiro no Bangladesh

A gestão da indústria de aquacultura de camarão do Bangladesh é abrangida por uma série de políticas (ver tabela 2) elaboradas por diferentes departamentos e ministérios ao longo dos anos. Entre elas, algumas são específicas da indústria do camarão e outras aplicam-se à pesca em geral (DoF 2011).

Quadro: 2 Regras e regulamentos relativos à indústria do camarão no Bangladesh

Marine Fisheries Ordinance (1983)
Shrimp Culture Users Tax Ordinance (1992)
Shrimp *Mohal* (Estate) Management Policy (1992)
The Bangladesh Environment Conservation Act (1995)
The National Environment Policy (1995)
New Agricultural Extension Policy (1996)
The Export Policy (1997-2002)
National Fisheries Policy (1998)
National Agricultural Policy (1999)
The National Water Policy (1999)
The Industrial Policy (1999)
Land Use Policy (2001)
Coastal Zone Policy (2005)
Shrimp Sub-Strategy (2006)
Export Policy 2009-12 (draft)
National Industrial Policy 2010(draft)
Code of Conduct for Selected Segments of the Aquaculture Industry (2011)

A política nacional das pescas de 1998 definiu algumas orientações para o crescimento da produção pesqueira, centrando-se no crescimento económico através dos rendimentos da exportação, na redução da pobreza, na manutenção do equilíbrio ecológico e na conservação da biodiversidade e na satisfação da procura de proteínas animais pela maioria pobre. A política de gestão do camarão (Shrimp *Mohal* Management Policy), de 1992, prevê a identificação e a declaração das terras *de khas* como propriedades de camarão.

A Política Nacional da Água é relevante para a indústria do camarão porque recomenda um desenvolvimento equilibrado dos recursos hídricos para satisfazer as necessidades de desenvolvimento económico, tendo em conta a proteção do ecossistema natural e da biodiversidade. Entre as outras políticas relevantes, a Política Industrial (1999) declarou a indústria de alimentos congelados como um "sector de impulso" (sector prioritário) que também inclui a indústria do camarão. A política de exportação (20092012) tem por objetivo promover a criação extensiva de camarão.

As explorações de camarão e as unidades de transformação são obrigadas a efetuar uma avaliação do impacto ambiental nos termos da Política Nacional do Ambiente de 1995. O decreto relativo à pesca marítima, de 1983, tem por objetivo regulamentar a pesca de captura de camarão do mar.

A Portaria relativa ao imposto sobre os utilizadores da cultura do camarão, de 1992, estipulou várias taxas de imposto sobre as explorações de camarão. A Política da Zona Costeira, de 2005, e a Política de Utilização dos Solos, de 2001, centram-se na cultura de camarão como parte da sua gestão global dos recursos naturais.

A sub-estratégia para o camarão, 2006, é a parte da estratégia nacional para as pescas que fornece um quadro para a aplicação da política nacional das pescas. A estratégia também delineou as mudanças necessárias para desenvolver um mecanismo institucional eficaz para coordenar o desenvolvimento do sector, monitorizar o progresso e fornecer feedback regular e oportuno para articular as acções necessárias para atingir os objectivos propostos.

Em março de 2011, o governo adoptou um Código de Conduta para Segmentos Selecionados da Indústria da Aquacultura (DoF 2011). Este código de conduta destina-se a garantir a sustentabilidade ambiental; a biodiversidade; a rastreabilidade do camarão processado; condições de trabalho seguras e justas; e harmonia social. No entanto, a maioria das políticas ainda não está operacionalizada através das leis e planos de ação necessários.

A estrutura institucional da indústria de aquacultura de camarão costeiro do Bangladesh é bastante grande. Envolve uma série de departamentos, instituições e ministérios (ver quadro 3) (DoF 2011).

O Ministério das Pescas e da Pecuária (MoFL), o Departamento das Pescas (DoF), a Bangladesh Fisheries Development Corporation (BFDC) e o Bangladesh Fisheries Research Institute (BFRI) são as principais organizações responsáveis pela aquicultura e pelo seu desenvolvimento. O Departamento das Pescas (DoF), sob a tutela do Ministério das Pescas e da Pecuária (MoFL), é o principal organismo governamental com controlo administrativo sobre a aquicultura no Bangladesh. As principais responsabilidades do DoF incluem o planeamento, o desenvolvimento, a extensão e a formação; os gabinetes de Upazilla (subdistritos) são o nível mais baixo do Departamento das Pescas (DoF).

A Bangladesh Fisheries Development Corporation (BFDC) é a principal responsável pelo desenvolvimento da pesca marítima, que é pouco controlada pelo Department of Fisheries (DoF). O Bangladesh Fisheries Research Institute (BFRI) conduz e coordena a investigação e, em certa medida, a formação. Muitas ONG nacionais e internacionais concedem créditos aos piscicultores e desenvolvem projectos de extensão e desenvolvimento da aquicultura. As ONG estão também a desempenhar um papel fundamental na defesa da criação sustentável de camarões.

A capacidade do DOF para supervisionar e coordenar os desenvolvimentos do sector do camarão é, no entanto, limitada. Uma maior coordenação entre vários departamentos e organizações, bem como entre o sector privado e as organizações da sociedade civil, é essencial para o êxito da sua implementação.

Institutions	**Activities**
Ministry of Fisheries and Livestock	Apex body
Department of Fisheries (DoF)	Administrative, Management, Development ,Extension and Training
Bangladesh Fisheries Development Corporation(BFDC)	Development of marine fisheries
Bangladesh Fisheries Research Institute (BFRI)	Research and Training
Ministry of Local Government, Rural Development and Cooperative	Management of water bodies suitable for shrimp cultivation
Ministry of Land	Leasing of government land for shrimp cultivation
Ministry of Water Resources	Leasing of reservoir and irrigation canals
Ministry of Commerce	Export promotion of shrimp
Mercantile Marine Department	Registration of fishing boat
Ministry of Planning	Planning and overall coordination of all development activities on fisheries
Office of the Deputy Commissioner	Declaring land as shrimp *mahal*

Tabela: 3 Configuração institucional da indústria do camarão no Bangladesh

Fonte: (MOL 2011; DoE 2011; DOF 2011; MoC 2011)

CAPÍTULO 2

Metodologia

2.1 Abordagem de investigação

Uma visita ao terreno e a recolha de dados primários teriam sido ideais para este estudo. No entanto, devido a limitações de recursos e de tempo, esta investigação baseia-se em estudos de casos qualitativos secundários e em alguns dados quantitativos. Alguns materiais de casos primários são retirados da experiência pessoal de viver e trabalhar no Bangladesh. A investigação consulta leis nacionais e internacionais existentes, brochuras de políticas, publicações governamentais e não governamentais, investigação anterior efectuada por peritos locais e internacionais, actas de conferências, documentos de trabalho e documentos relativos à pesca em geral e à aquacultura do camarão em particular. A investigação inclui também o texto etnográfico como modo de recolha de dados. Este estudo considera como caso de estudo os distritos costeiros do sudoeste do Bangladesh onde se cultiva camarão, uma vez que as explorações de camarão se concentram principalmente nesta parte do Bangladesh.

2.2 Conceção da investigação

O estudo (ver figura 7) analisa a situação geral atual do sector da aquicultura do camarão costeiro no Bangladesh, bem como as regras e orientações nacionais e internacionais pertinentes para o sector. Em seguida, são introduzidos alguns critérios e indicadores para avaliar a sustentabilidade do sector da aquicultura do camarão costeiro no Bangladesh. Por último, é efectuada uma avaliação com base na abordagem ecossistémica das pescas da FAO (EAF). A AFE dá maior ênfase à sustentabilidade do ecossistema global, enquanto as abordagens de gestão tradicionais se centram apenas nos recursos-alvo. A FAO (2003, não paginado) definiu a EAF como "Uma abordagem ecossistémica das pescas procura equilibrar diversos objectivos sociais, tendo em conta os conhecimentos e as incertezas sobre as componentes bióticas, abióticas e humanas dos ecossistemas e as suas interações e aplicando uma abordagem integrada das pescas dentro de limites ecologicamente significativos".

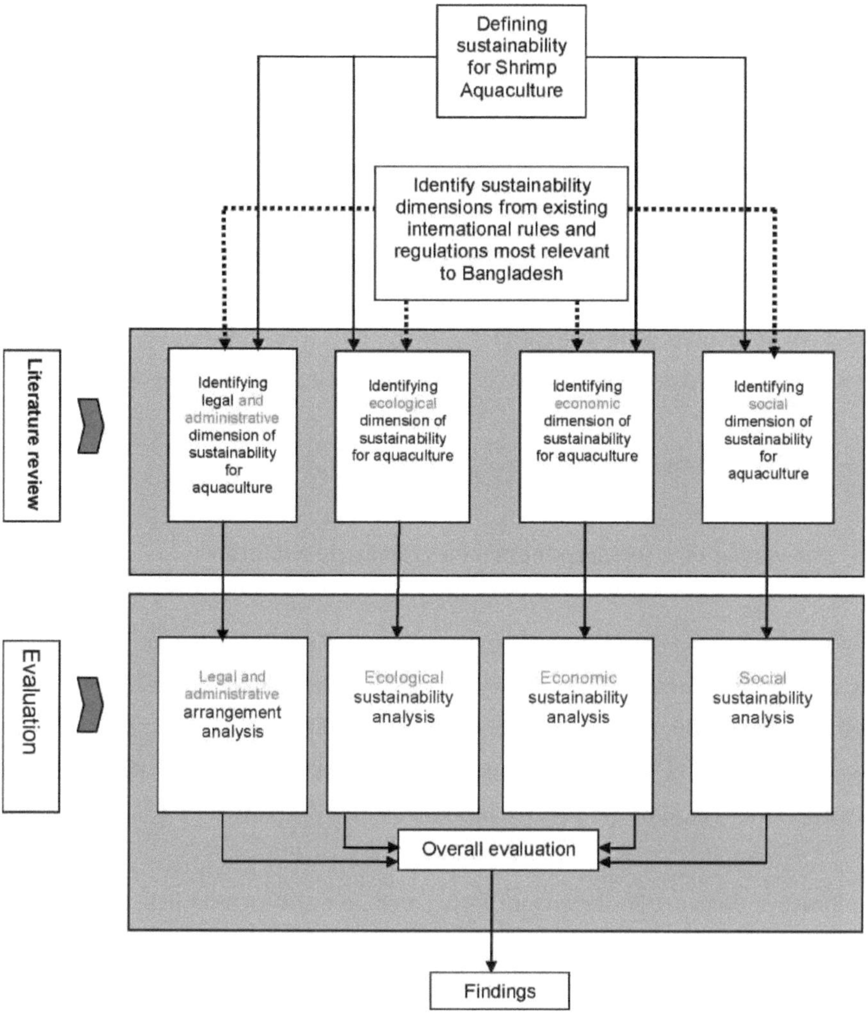

Figura: 7 o projeto de investigação

CAPÍTULO 3

Revisão da literatura e conceitos-chave

Existe uma abundância de literatura sobre a aquicultura do camarão. Na literatura existente, os autores apresentam uma gama diversificada de opiniões, mas também expressam algumas preocupações comuns. Algumas tendências particulares são evidentes na literatura. A revisão está organizada em dois temas para identificar e compreender as lacunas da investigação:

- Tema 1: custos ecológicos e socioeconómicos associados à cultura do camarão
- Tema 2: cumprimento das boas práticas de gestão

3.1 . Custo ecológico e socioeconómico da criação de camarão

3.1.1 Custo ecológico

Vários autores (primavera 1997; Deb1998; UNEP, 1999; Paez-Osuna **et al.** 2003; Chowdhury **et al.** 2006; primavera 2006; Azad et al. 2009) estão preocupados com os graves danos causados à biodiversidade e ao ecossistema nas áreas de cultivo de camarão em todo o mundo, em geral, e no Bangladesh, em particular.

As explorações de camarão dependem fortemente da água salgada para a cultura do camarão. A água salgada causa salinidade tanto na terra como na água doce. A inundação da terra por água salgada proveniente das águas costeiras aumenta o nível de salinidade. A água salgada chega mesmo a infiltrar-se nas zonas não agrícolas circundantes. A eliminação da água salgada e dos sedimentos carregados de sal das explorações agrícolas também provoca a salinização da terra (solo) e das massas de água doce (Islam 2003). As fazendas de camarão também dependem fortemente de poços tubulares profundos para obter água doce. A retirada excessiva de água subterrânea leva ao rebaixamento do lençol freático e à contaminação da água por intrusão salina (Hoq 2007).

Tal como noutros países, as explorações de aquicultura de camarão no Bangladesh utilizam rações formuladas, produtos agroquímicos, antibióticos e desinfectantes. Estes factores de produção são utilizados para o tratamento da água e dos sedimentos dos tanques, a fim de evitar surtos de doenças e aumentar a produção.

Nas explorações de camarão, a água é mudada regularmente. Quando a água é bombeada dos viveiros para as águas costeiras do mar, transporta água poluída e sedimentos dos viveiros (Paul e Vogl 2011). A intrusão de água salgada e a poluição química afectaram negativamente a produtividade das terras agrícolas e os habitats costeiros e marinhos (EJF 2004a).

O Instituto de Investigação das Pescas do Bangladesh (BFRI, 2010) comunicou a recolha excessiva de alevins de camarão[2] e de reprodutores[3] das águas costeiras (ver figura 8). A taxa de capturas acessórias[4] (ver figura 9) no Bangladesh é uma das mais elevadas do mundo (Hoq **et al.** 2001 citado em Paul e Vogl 2011). Esta recolha excessiva de alevins e a devolução das capturas acessórias prejudicam a cadeia alimentar e, consequentemente, o ecossistema marinho.

Figura: 8 Captura de alevinos de camarão dentro da área de mangue (Anwar 2003, p.14)

[2] alevins de camarão: camarões bebés (15-20 dias de idade)
[3] reprodutores: efectivos reprodutores parentais, tanto machos como fêmeas, que são utilizados para produzir a semente
[4] Capturas acessórias: refere-se a todas as espécies capturadas acidentalmente numa pescaria, com exceção das espécies-alvo

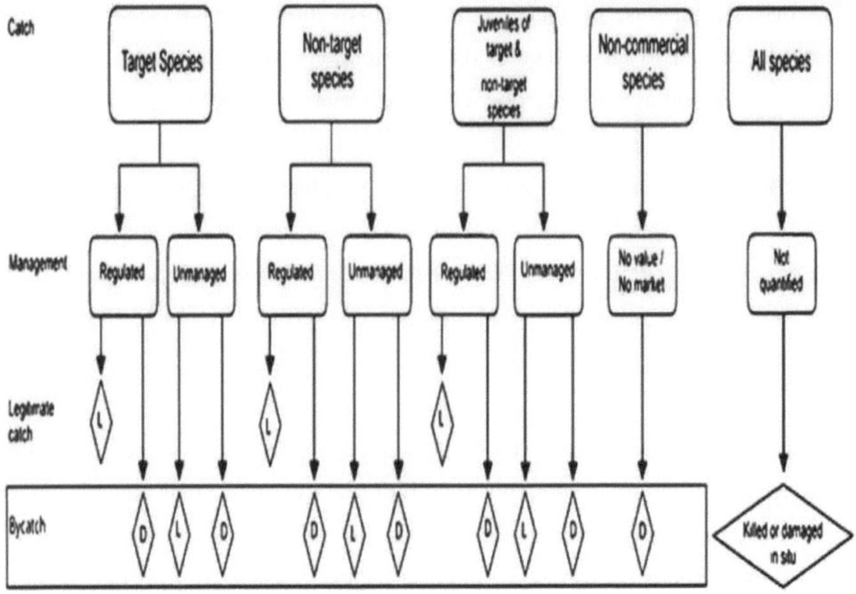

Figura: 9 Fontes de capturas acessórias (Davies **et al.** 2009, p.663)

A destruição de manguezais para o cultivo de camarão foi relatada em várias publicações (primavera 1997; Deb1998; UNEP 1999; Chowdhury **et al.** 2006; Gopal e Chauhan 2006; Hoq 2007; Paul e Vogl 2011). O papel dos mangais para a vida e os meios de subsistência das comunidades costeiras e para o ecossistema marinho costeiro é muito importante. As florestas de mangue são o viveiro de um grande número de espécies marinhas costeiras, incluindo o camarão, e fornecem habitat para várias espécies de flora e fauna (ver figura 10) (PNUA 1999). A limpeza dos mangais para a criação de camarão e actividades associadas modificou radicalmente os habitats de muita flora e fauna nas zonas de criação de camarão (EJF 2004a).

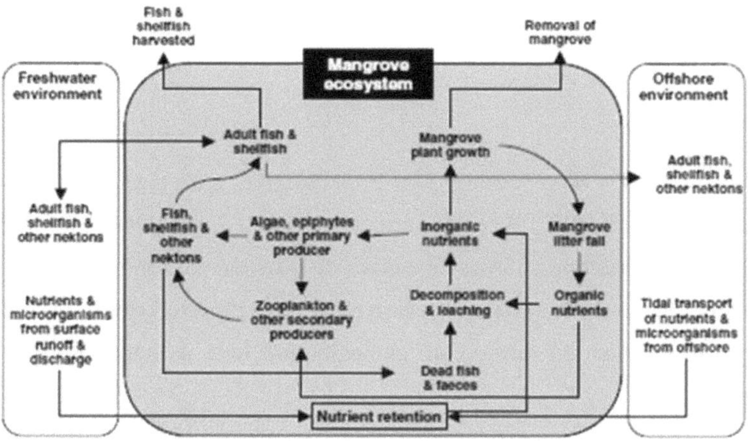

Figura: 10 interação do mangal com a água doce adjacente e o ecossistema marinho offshore (Islam e Haque 2004, p.)

Deb (1998) e Diana (2009) pediram medidas de precaução em relação à introdução de espécies não nativas de alevinos de camarão. As espécies importadas podem disseminar doenças para o estoque local (Paul & Vogl 2011). Além disso, a interação genética entre espécies nativas selvagens e espécies estrangeiras importadas pode afetar negativamente as caraterísticas genéticas adaptativas das espécies nativas.

3.1.2 Custo económico

A indústria da aquicultura de camarão é um dos principais contribuintes para as receitas de exportação e a geração de emprego no Bangladesh (Alauddin e Tisdell 1998; BFFEA 2011). Aftabuzzaman (1996) e CPD (1998), ambos citados em UNEP (1999); e Karim (2000) observaram que os benefícios da indústria chegam à comunidade local, pelo menos até um certo nível.

No entanto, outros vêem o custo económico da aquicultura de camarão de forma diferente. De acordo com Biksham e Andrea (1996), Khor (1995) e Gunawardena e Rowan (2005), o custo real (valor monetário das externalidades negativas) da cultura do camarão não é, de facto, contabilizado. Alauddin e Tisdell (1998) analisaram as implicações socioeconómicas e ambientais da cultura do camarão com base em dados obtidos em explorações agrícolas da região da grande Khulna, no Bangladesh.

Constataram níveis encorajadores de emprego e de exportações, mas à custa de uma degradação socioeconómica e ecológica considerável.

3.1.3 Custo social

A criação de camarão nas zonas costeiras do Bangladesh degradou a sustentabilidade social (Alauddin e Tisdell 1998). A maior parte da literatura (EJF 2004a); Karim 2006; Paul e Vogl 2011) sugeriu que as áreas de cultivo de camarão sofrem uma diminuição da produção agrícola; perda de emprego; acesso reduzido à propriedade comum devido à expansão não planeada do cultivo de camarão que leva à marginalização das comunidades locais.

A EJF (2004(a)) mostrou como o sector promoveu uma distribuição desigual da propriedade da terra e do rendimento.

Os impactos negativos da indústria quase não regulamentada conduziram frequentemente a uma situação adversa em termos de lei e ordem. Estas conclusões estão bem documentadas na literatura (UNEP 1999; Nijera Kori 2011; Swapon e Gavin 2011).

Tanto Karim (2006) como Paul e Vogl (2011) observaram a perda de empregos tradicionais, como a agricultura e a pesca em águas tradicionais, devido a esta indústria. A perda de emprego tradicional deixou as comunidades locais sem outras alternativas para além da exploração dos recursos costeiros (**por exemplo,** mangais) para a sua subsistência (Paul e Vogl 2011).

A intrusão de água salgada e a poluição química afectaram negativamente a produtividade das terras agrícolas. (EJF 2004a). A segurança alimentar devido à diminuição da produção tornou-se uma questão preocupante nas zonas agrícolas (Paul e Vogl, 2011).

3.2 Conformidade com as boas práticas de gestão

A expansão da cultura do camarão no Bangladesh é maioritariamente "não regulamentada, não controlada e não coordenada" (Paul e Vogl 2011, p.202). A maioria dos autores (EJF 2004a; EJF2004b; Nijera Kori 1996; UNEP 1999; CDP 2010) considera a intervenção governamental fraca, inadequada e não sensível às externalidades negativas.

Hoq (2007) defendeu a promoção da CBFM (Community-Based Fisheries Management) e parcerias GO-NGO para a sustentabilidade da indústria de camarão do Bangladesh. primavera (2006) sugeriu uma mudança de paradigma de uma abordagem setorial isolada para uma abordagem holística para a sustentabilidade da indústria.

3.3 Lacunas de investigação

A maior parte da literatura (primavera 1997; Deb 1998; UNEP 1999; Paez-Osuna **et al.** 2003; EJF 2004; Gopal e Chauhan 2006; Karim 2006; Chowdhury **et al.** 2006; primavera 2006; Hoq 2007; Azad **et al**. 2009; Paul e Vogl 2011) relacionada com a aquacultura de camarão tem-se centrado nos impactos negativos da atividade e é cética quanto à sustentabilidade da indústria da aquacultura de camarão em países em desenvolvimento como o Bangladesh.

Embora um estudo (Alam **et al.** 2005) tenha analisado a conformidade da **indústria de aquicultura de camarão do Bangladesh com o código de conduta da FAO para** uma pesca responsável (CCRF), nenhum outro estudo disponível avaliou a sustentabilidade da indústria de aquicultura de camarão costeiro do Bangladesh com base no código de conduta internacional e nas diretrizes para uma pesca responsável.

Da discussão acima, é evidente que existem algumas lacunas na investigação.

1. Não foi feita qualquer tentativa para desenvolver um quadro de avaliação composto (com base nos códigos de conduta e orientações existentes) para avaliar a sustentabilidade da indústria da aquicultura de camarão costeiro no Bangladesh.
2. Não existe nenhum estudo substancial sobre a sustentabilidade da indústria

da aquicultura costeira do camarão no Bangladesh com base no código de conduta internacional e nas diretrizes para uma pesca responsável.

Os dois capítulos seguintes tentam colmatar estas lacunas de investigação.

CAPÍTULO 4

Quadro para a avaliação da sustentabilidade

A primeira secção deste capítulo define o que se entende por sustentabilidade para a indústria da aquicultura do camarão. A secção seguinte descreve as dimensões da sustentabilidade para determinar o estado geral da sustentabilidade da indústria da aquicultura de camarão costeira do Bangladesh.

4.1 Definição de sustentabilidade para a indústria da aquacultura do camarão

O desenvolvimento sustentável tem sido amplamente utilizado por muitas indústrias pesqueiras em todo o mundo, mas só recentemente foi reconhecido pela indústria da aquacultura, especialmente em países em desenvolvimento como o Bangladesh. O relatório Brundtland[5] definiu o desenvolvimento sustentável como

> **"... desenvolvimento que satisfaz as necessidades do presente sem comprometer a capacidade das gerações futuras de satisfazerem as suas próprias necessidades"** (WCED 1987).

A FAO (1989) definiu o desenvolvimento sustentável da mesma forma: "a gestão e a conservação da base de recursos naturais e a orientação da mudança tecnológica e institucional de forma a assegurar a realização e a satisfação contínua das necessidades humanas para as gerações actuais e futuras. Este desenvolvimento sustentável (nos sectores da agricultura, da silvicultura e da pesca) conserva os recursos da terra, da água, vegetais e animais, não é degradante para o ambiente, é tecnicamente adequado, economicamente viável e socialmente **aceitável".**

Na aquicultura, o desenvolvimento sustentável começou a ser considerado em 1995, **com a introdução pela FAO do Código de Conduta para a Pesca Responsável.** Pillay (1998 citado em Chowdhury et **al.** 2010) considerou a sustentabilidade da aquicultura como

---

[5] **O Relatório Brundtland é o relatório sobre o desenvolvimento sustentável elaborado pela Comissão Brundtland da WCED (Comissão Mundial sobre o Ambiente e o Desenvolvimento). Foi uma tentativa de mobilizar os países para trabalharem em conjunto e procurarem o desenvolvimento sustentável.**

"os métodos sábios e produtivos de cultura de animais e plantas **aquáticas,** assegurando os recursos naturais de uma forma que seja ambientalmente correta, tecnicamente adequada, economicamente viável e socialmente aceitável; em que as necessidades humanas críticas sejam satisfeitas e **continuem a ser satisfeitas para as gerações presentes e futuras".**

Por conseguinte, a partir da discussão acima, o desenvolvimento sustentável da indústria da aquicultura do camarão pode ser resumido como a capacidade da indústria para continuar no futuro a longo prazo com viabilidade económica; e equidade social e benefício líquido para as comunidades locais; e sem comprometer a integridade dos ecossistemas locais.

4.2 Definição do quadro de avaliação

São necessários critérios e parâmetros (dimensões) para avaliar a sustentabilidade do sector da aquicultura do camarão costeiro do Bangladesh. Embora existam muitas diretrizes para o sector das pescas, não existe um único conjunto de critérios ou diretrizes universalmente acordado para avaliar a sustentabilidade do sector da aquicultura do camarão. Para identificar as dimensões adequadas para a avaliação da sustentabilidade do sector da aquicultura do camarão costeiro no Bangladesh, a primeira parte desta secção apresenta alguns dos códigos de conduta e orientações internacionais mais importantes (ver quadro 4) para a pesca, incluindo a aquicultura do camarão. A segunda parte discute o código de conduta e as diretrizes e identifica os parâmetros relevantes para a avaliação da sustentabilidade do sector da aquicultura do camarão no Bangladesh.

Tabela: 4 Regras e regulamentos internacionais relacionados com a aquacultura do camarão

Organization	Guideline
Food and Agriculture Organization of the United Nations (FAO)	Code of Conduct for Responsible Fisheries (CCRF) 1995
Federation of European Aquaculture Producers (FEAP)	Code of Conduct for European Aquaculture 1999
Global Aquaculture Alliance	Guidelines for Shrimp Farms1999
Marine Stewardship Council (MSC)	MSC Fishery Standard Principles and Criteria for Sustainable Fishing 1999
Primary Industries and Resources SA (PIRSA)	Australian Aquaculture Code of Conduct 2002
Food and Agriculture Organization of the United Nations (FAO)	FAO International Principle for Responsible shrimp Farming 2006
National Oceanic and Atmospheric Administration (NOAA),USA	NOAA Guidance for aquaculture 2011

4.2.1Introdução ao Código Internacional de Conduta e às Diretrizes

Código de Conduta da FAO para uma Pesca Responsável (FAO 1995)

Embora o Código de Conduta da FAO para uma Pesca Responsável (CCRF) não seja vinculativo por natureza, fornece um quadro necessário para assegurar a exploração sustentável dos recursos aquáticos vivos em harmonia com o ambiente. No que diz respeito à aquicultura sustentável, este código de conduta defende, em particular, a manutenção da qualidade, da diversidade e da disponibilidade dos recursos haliêuticos; a proteção e a reabilitação dos habitats críticos da pesca nos ecossistemas marinhos e de água doce, tais como as zonas húmidas e os mangais; a regulamentação da utilização perigosa de produtos químicos; a garantia dos meios de subsistência das comunidades locais e do seu acesso aos pesqueiros; a aplicação de uma abordagem de precaução à conservação, à gestão e à exploração dos recursos aquáticos vivos; e, sobretudo, um quadro jurídico e administrativo adequado que facilite o desenvolvimento de uma aquicultura sustentável (ver anexo 1 para mais pormenores).

Código de Conduta da FEAP para a Aquicultura Europeia (FEAP 1999)

Este código de conduta foi adotado pela FEAP (Federação Europeia de Aquacultores). O objetivo deste código de conduta é promover o desenvolvimento e a gestão responsáveis do sector aquícola europeu, a fim de assegurar uma produção de alta qualidade que tenha em conta considerações ambientais e sociais (ver anexo 1 para mais pormenores).

Diretrizes do GAA para as explorações de camarão (GAA 1999)

A Global Aquaculture Alliance (GAA) é uma associação comercial internacional, sem fins lucrativos, dedicada à promoção de uma aquacultura ambiental e socialmente responsável. Estas diretrizes centraram-se na salinização da terra e da água; na poluição química; na conservação dos mangais e na proteção da biodiversidade; e na segurança alimentar (ver anexo 1 para mais pormenores).

Princípios e normas do MSC para as pescas

Critérios para uma pesca sustentável (MSC 1999)

O Marine Stewardship Council (MSC) é uma organização global que trabalha com o sector das pescas e dos produtos do mar para promover a melhor escolha ambiental para os produtos do mar. Para a sustentabilidade a longo prazo das pescas, este documento orientador sugere a manutenção da integridade dos ecossistemas; a manutenção e o restabelecimento de populações saudáveis de espécies-alvo; o desenvolvimento e a manutenção de sistemas eficazes de gestão das pescas; a tomada em consideração de todos os aspectos biológicos, tecnológicos, económicos, sociais, ambientais e comerciais relevantes; e o devido cumprimento das leis e normas nacionais e internacionais pertinentes (ver anexo 1 para mais pormenores).

Código de Conduta da Aquacultura Australiana (PIRSA 2002)
Para a sustentabilidade da indústria aquícola, este código de conduta fornece orientações sobre o controlo das normas de desempenho ambiental relevantes; reconhecimento e promoção dos benefícios para a comunidade; partilha de recursos e consideração dos outros utilizadores do ambiente; introdução de uma abordagem total da bacia hidrográfica baseada na gestão dos recursos naturais e na proteção do ambiente a longo prazo (ver anexo 1 para mais pormenores). .
FAO International Principle for Responsible Shrimp Farming (FAO 2006) Este documento de orientação foi desenvolvido em 2006 por um consórcio sob os auspícios da FAO. Estes princípios consideram as questões técnicas, ambientais, sociais e económicas associadas à criação de camarão e fornecem uma base para melhorar a sustentabilidade global da criação de camarão. É dada especial atenção à instalação de viveiros de camarão em locais ambientalmente adequados; actividades de cultivo que conservem a biodiversidade; habitats ecologicamente sensíveis e funções do ecossistema; e benefícios para as comunidades locais (ver anexo 1 para mais pormenores).
Orientações da NOAA para a aquicultura (NOAA 2011)
Este documento foi elaborado pela NOAA (National Oceanic and Atmospheric Administration of USA). O objetivo desta política é permitir o desenvolvimento de uma aquacultura marinha sustentável com objectivos sociais e económicos mais amplos. Esta diretriz tem especial consideração pelos ecossistemas marinhos saudáveis, produtivos e resilientes; identificando e apoiando medidas de mitigação para lidar com os impactos sociais e assegurando um benefício líquido para a comunidade (ver apêndice 1 para mais detalhes).

4.2.1 Identificação de parâmetros para a avaliação da sustentabilidade

O Código de Conduta da FAO para uma Pesca Responsável de 1995 e o Princípio Internacional da FAO para uma Criação Responsável de Camarão de 2006 têm em conta uma vasta gama de aspectos

as questões técnicas, ambientais, sociais e económicas associadas à cultura do camarão, a fim de melhorar a sustentabilidade global da indústria da aquicultura do camarão.

As diretrizes da GAA para as explorações de camarão; o código de conduta da FEAP para a aquicultura europeia; os princípios e critérios da norma de pesca MSC para a pesca sustentável; o código de conduta da aquicultura australiana e as orientações da NOAA para a aquicultura abordaram vários aspectos das questões de sustentabilidade da aquicultura, mas centram-se mais na segurança alimentar e nos aspectos de gestão a nível das explorações, como a criação e o bem-estar dos peixes e a densidade populacional[6] . Estas orientações abordaram os aspectos ambientais e económicos do desenvolvimento sustentável da aquicultura de forma mais abrangente do que os aspectos sociais.

Estas diretrizes são mais compatíveis com a criação intensiva de camarão. No Bangladesh, as explorações de camarão seguem tanto um sistema de cultivo extensivo como intensivo. Além disso, as questões socioeconómicas associadas à indústria da aquicultura costeira do camarão no Bangladesh exigem uma atenção especial, uma vez que a cultura do camarão causou a deterioração das más condições socioeconómicas gerais (Anwar 2003) das zonas de cultura.

No entanto, com base na discussão anterior, os seguintes aspectos e parâmetros de desenvolvimento sustentável parecem adequados para avaliar a sustentabilidade da indústria da aquicultura de camarões costeiros em países subdesenvolvidos como o Bangladesh.

Aspectos institucionais e jurídicos

- Quadro jurídico e administrativo bem desenvolvido e adequado para facilitar o desenvolvimento de uma aquicultura sustentável (FAO 1995).

---

[6] **Densidade de povoamento: adição da população de peixes ao lago ou tanque, para iniciar o ciclo de produção.**

- Conformidade com as leis e normas nacionais e internacionais relevantes para a sustentabilidade a longo prazo (GAA 1999).
- Aplicação da abordagem de precaução nas medidas de conservação e de gestão (FAO 1995).
- Aplicação da avaliação do impacto ambiental (AIA) (FAO 1995).

Aspectos ecológicos

M Manutenção da integridade dos ecossistemas (MSC 1999).

- A pesca é conduzida de forma a não conduzir à sobrepesca ou ao esgotamento das populações exploradas, incluindo outras espécies aquáticas (MSC
- Conservação da biodiversidade e dos habitats (GAA 1999).

Aspectos económicos

- Proporciona um benefício líquido para a economia nacional e as comunidades locais (NOAA 2011).
- Contribui efetivamente para o desenvolvimento rural e, em especial, para a redução da pobreza nas zonas costeiras (FAO 2006).

Aspectos sociais

E Assegurar os meios de subsistência das comunidades locais e o seu acesso aos recursos tradicionais (FAO 1995).

- Considerar todos os aspectos sociais relevantes e apoiar as medidas de atenuação para fazer face aos impactos sociais (MSC 1999; NOAA 2011).

CAPÍTULO 5

Avaliação

A secção seguinte procura examinar os aspectos ecológicos e socioeconómicos, bem como as disposições legais e a capacidade institucional da indústria da aquicultura de camarão costeiro do Bangladesh, com base nas várias dimensões (aspectos) do desenvolvimento sustentável resumidas no capítulo anterior.

5.1 Aspectos institucionais e jurídicos

5.1.1 *Apoio político e capacidade administrativa*

Só um quadro jurídico e administrativo bem desenvolvido e adequado pode facilitar o crescimento sustentável do sector da aquicultura do camarão (FAO 1995).

Embora pareça existir um bom enquadramento para a gestão e a regulamentação da indústria do camarão no Bangladesh, a situação real é diferente. Até há pouco tempo, não existiam orientações específicas para a indústria do camarão no Bangladesh, exceto a Lei relativa ao imposto sobre a cultura do camarão, de 1992, e a Política de gestão do *mohal (propriedade)* de camarão, de 1992. Estes dois documentos jurídicos tratam essencialmente de questões relacionadas com a atribuição de terras e o imposto fundiário para a cultura do camarão. Os aspectos de gestão da cultura são quase inexistentes nestas duas políticas.

Há uma série de políticas agrícolas, pesqueiras, hídricas, florestais, ambientais e comerciais que deverão abranger vários aspectos da criação de camarão no Bangladesh, mas que ainda não estão totalmente operacionais através das leis, regulamentos, planos de ação necessários, etc. (DoF 2011).

No esforço do governo para pôr a indústria em ordem, foi adoptada uma Sub-Estratégia do Camarão em janeiro de 2006 (DoF 2006). Este quadro regulamentar fornece um conjunto de normas, procedimentos legais e administrativos que se espera venham a trazer boas práticas de gestão na indústria da aquacultura do camarão.

Em março de 2011, o governo adotou um Código de Conduta para Segmentos Selecionados da Indústria da Aquicultura em Bangladesh (DoF 2011). Embora o Bangladesh seja signatário do Código de Conduta para a Pesca Responsável (FAO 1995), foram necessários quase 15 anos para adotar um tipo semelhante de código de conduta para a indústria do camarão do Bangladesh. Nem as agências de tutela (Ministério das Pescas; Departamento das Pescas) nem as outras partes interessadas (por exemplo, doadores; proprietários de viveiros de camarão) foram suficientemente persuasivas para adotar um código de conduta deste tipo (BFRI 2010). Este código de conduta é de natureza voluntária e ninguém pode esperar que as partes interessadas do setor sigam o código em um país como Bangladesh, onde há uma longa tradição de não conformidade com as regras e regulamentos ambientais. O governo precisa de alterar as regras e os regulamentos existentes relativos à criação de camarões para garantir o cumprimento dos compromissos assumidos no âmbito dos vários códigos de conduta nacionais e internacionais e de outros regulamentos (DoF 2006).

No entanto, existe um conflito entre várias políticas governamentais, uma vez que estas são formuladas isoladamente por vários ministérios e departamentos (DoF 2006). A falta de consistência entre os vários documentos legais existentes está a confundir e a impedir o crescimento sólido da indústria. A Política Nacional do Ambiente, 1995, não permite um aumento da salinidade nas terras de cultivo, enquanto a Política de Gestão **do Mohal** de Camarão, 1992, declara terras adequadas (zonas húmidas com água salgada) como **mohal** de camarão (terras adequadas para o cultivo de camarão). Infelizmente, a Política de Gestão **do Mohal** de Camarão de 1992 é utilizada para declarar, em muitas ocasiões, as florestas de mangue convertidas em **mohal** de camarão (propriedade) (Rahman 2011). A mesma política também ignora os direitos e prerrogativas (direito de obter a terra **de khas**[6] numa base prioritária) das pessoas sem terra à terra **de khas**, tal como estipulado na Lei de Liquidação de Terras **de Khas**[7] (DoF 2011).

---

[7] khas **land: terrenos do governo**

A política de exportação (1997-2002) (MdC 2011) entra novamente em contradição com a Política Nacional do Ambiente, 1995, porque esta política tende a promover o cultivo semi-intensivo e intensivo de camarão que, por sua vez, só irá aumentar a salinização das terras costeiras (Hoq, 2007). A Lei das Florestas de 1927 (alterada em 2000) atribuiu as responsabilidades de gestão das pescas nas zonas florestais **de Sundarbans**[8] ao Departamento das Florestas, que praticamente não tem capacidade e não dispõe de um plano de gestão das pescas (BFRI 2010). Esta duplicação de responsabilidades provocou uma má gestão das explorações de camarão nas zonas de **Sundarbans** (Hoq 2007; Rahman 2011).

De facto, é urgentemente necessária uma lei abrangente (**por exemplo,** a Lei da Cultura Sustentável do Camarão) para pôr ordem na indústria da aquicultura costeira do camarão no Bangladesh.

Para além do desenvolvimento de políticas, é vital para o crescimento sólido do sector uma gestão adequada e uma capacidade de implementação. A falta de coordenação interdepartamental adequada continua a ser um grande problema para o sector (DoF 2006). Este facto coloca uma pressão acrescida sobre a gestão global da indústria do camarão, que é muito fragmentada e apoiada por uma série de instituições que não dispõem de recursos suficientes (DoF 2006).

Não existe uma ligação prática entre o DoF e a Guarda Costeira para a utilização dos seus recursos humanos e logísticos para a aplicação de medidas regulamentares nas águas costeiras (BFRI 2010).

O conflito de jurisdição entre o Ministério da Terra, o Departamento de Florestas, o Departamento de Pescas e o Gabinete do Comissário Adjunto dos distritos costeiros sobre os assuntos de gestão das explorações de camarão deixou muitas explorações totalmente desregulamentadas em muitos casos (BFRI 2010; Musa 2008, Paul & Vogl

---

[8] ***Sundarbans:* a maior floresta de mangais do mundo situada no Bangladesh e na Índia**

2011; Rahman 2011).

5.1.2 Aplicação e conformidade

Para a sustentabilidade a longo prazo do sector da aquicultura do camarão, é essencial o cumprimento das leis e normas nacionais e internacionais pertinentes (FAO 1995).

Devido à falta de empenhamento das partes interessadas do sector, existem deficiências nas instituições e nas suas capacidades que acabaram por resultar num cumprimento limitado ou não cumprimento das leis e normas nacionais e internacionais pertinentes (Alam **et al.** 2005; Paul e Vogl 2011).

Embora o registo das explorações de camarão junto do Departamento das Pescas (DoF) seja obrigatório (DoF 2011), apenas 564 explorações de 10 428 se registaram no distrito de **Satkhira** (Alam **et al.** 2005). A situação é a mesma noutros distritos costeiros (CDP 2010). O mesmo acontece com o registo das frotas no Marine Mercantile Department (MMD). Até à data, menos de 20 % das frotas estão registadas no MMD (AFPIC 1999).

Após a proibição de 2002, a recolha nociva de alevins de camarão nas águas costeiras diminuiu, mas ainda não foi amplamente aplicada (BFRI 2010). Sem a criação de emprego alternativo, esta proibição não funcionará corretamente (Alam **et al.** 2005). Noutro caso, as autoridades não conseguiram regulamentar a utilização de produtos químicos na aquacultura, que são perigosos para a saúde humana e o ambiente. Produtos químicos mortais como o Thiodan, importados ilegalmente, continuam a ser utilizados nas explorações de camarões (Alam et al. 2005).

O acompanhamento, controlo e vigilância (MCS) na pesca costeira é limitado apenas à vigilância da pesca industrial de arrasto. O MCS é muito raro para a pesca marinha de pequena escala e as explorações de camarões costeiros (BFRI 2010).

O princípio da precaução, tem sido praticado nas indústrias pesqueiras em todo o mundo por muito tempo com a devida consideração às incertezas e informações ausentes, mas esta abordagem é quase inexistente na indústria de camarão de

Bangladesh (APFIC 2009). Existe a apreensão de que as espécies de camarão importadas do exterior possam ter alterado o pool genético das espécies nativas de camarão por meio de cruzamento. Infelizmente, não há informações disponíveis sobre essa questão em Bangladesh (Deb 1998; Paul & Vogl 2011). A criação de camarão e as actividades associadas exerceram uma enorme pressão sobre as espécies aquáticas (discutida na secção 3.1.1). Como medida de precaução, a indústria deveria ter efectuado avaliações regulares das unidades populacionais. No entanto, nenhuma autoridade do Bangladesh efectuou qualquer avaliação das unidades populacionais após 1980 (APFIC 2009).

De acordo com as Regras de Conservação Ambiental de 1997, qualquer indústria ou projeto que possa ter um impacto no ambiente deve ser submetido a uma Avaliação de Impacto Ambiental (AIA). Infelizmente, não há nenhum caso em que nem o governo do Bangladesh nem as grandes explorações tenham efectuado uma AIA para a criação de camarão (Islam 2008; AFPIC 2009). A limpeza de 800 hectares de mangais por projectos financiados pelo governo na floresta de mangais de Chakoria é um exemplo da relutância do governo em relação à AIA (Deb 1997; Musa 2008; Paul & Vogl 2011).

Embora a indústria do camarão do Bangladesh, incluindo o governo, não esteja suficientemente empenhada no cumprimento das normas ambientais e sociais, está bem ciente da segurança alimentar. Os empresários do sector do camarão não podem correr o risco de perder os mercados internacionais por razões de segurança alimentar. Sob pressão dos compradores internacionais, as fábricas de transformação de camarão estão empenhadas em manter a conformidade com as normas de Análise de Perigos e Pontos Críticos de Controlo (HACCP)[9] para manter os mercados (Alam et **al.** 2005).

5.2. Sustentabilidade ecológica da aquicultura de camarão no Bangladesh A aquicultura de camarão é ecologicamente sustentável quando

- a integridade dos ecossistemas é bem mantida (MSC 1999).
- a atividade agrícola é conduzida de forma a não conduzir à sobrepesca ou ao esgotamento das populações exploradas de espécies-alvo, incluindo outras

[9] **Análise de Perigos e Pontos Críticos de Controlo (HACCP): um sistema internacionalmente reconhecido utilizado para gerir a segurança alimentar**

espécies aquáticas (MSC 1999).

- a biodiversidade e os habitats são conservados nas zonas agrícolas (GAA 1999).

As secções seguintes analisam a sustentabilidade ecológica da indústria da aquicultura do camarão no Bangladesh com base nos três aspectos acima referidos.

1.1.1 Integridade dos ecossistemas

A poluição física e biológica está a prejudicar seriamente a integridade dos ecossistemas costeiros e marinhos nas zonas de criação de camarão no Bangladesh. A terra e a água nas zonas de criação de camarão estão poluídas pela intrusão salina e pelas descargas agro-químicas (discutidas na secção 3.1.1) das explorações (EJF 2003).

A degradação da terra e da água alterou o padrão de utilização dos recursos naturais e aumentou significativamente as utilizações não sustentáveis (**por exemplo,** a recolha excessiva de alevins de camarão do mar; o abate ilegal de árvores nas florestas de mangais) dos recursos existentes (Paul & Vogl 2011).

Para além da poluição física, o nível de poluição biológica também ameaçou a sustentabilidade do ecossistema marinho. Sementes de camarão (PL)[10] são importadas do exterior devido à escassez de sementes de camarão selvagem em Bangladesh (Paul & Vogl 2011). Cerca de 800 milhões de sementes de camarão foram importadas e introduzidas nas fazendas sem a devida quarentena em 1995 (Deb 1998). Os cientistas consideram as sementes importadas responsáveis pela infeção viral generalizada (**por exemplo,** o vírus da síndrome da mancha branca (WSSV) e o vírus da cabeça amarela (YHV)) do estoque local de camarão em 1996. Antes de 1996, a indústria raramente era infetada por surtos de doenças (Paul & Vogl 2011). O surto de doença custou à indústria 44,4% de sua produção total de camarão (Paul & Vogl 2011).

Além disso, para além das espécies-alvo de camarão, mais de 200 mil milhões de juvenis de várias espécies de peixes não-alvo e de zooplâncton são capturados e devolvidos ao mar todos os anos no Bangladesh (BFRI 2010). Esta elevada taxa de

---

[10] **PL (Post Larvae): camarão bebé (15-20 dias de idade)**

capturas acessórias e devoluções está a interromper gravemente o ciclo de vida das várias espécies aquáticas marinhas.

O risco físico e biológico atual e potencial desta indústria é muito elevado e só irá piorar o ambiente local se não forem tomadas medidas urgentes no respeito pela integridade ecológica das zonas agrícolas.

1.1.2 Exploração de espécies aquáticas

Para ser sustentável, uma pescaria tem de ser conduzida de forma a não conduzir à sobrepesca ou à depleção das espécies-alvo e não-alvo e tem de ser conduzida de forma a conduzir comprovadamente à recuperação das espécies depauperadas (MSC 1999).

No Bangladesh, as unidades populacionais de espécies-alvo de camarão (Penaeus monodon) e de espécies não-alvo (outros peixes ósseos e zooplâncton) estão gravemente ameaçadas. A maioria das fazendas de camarão segue um sistema intensivo com alta densidade de estocagem, o que é muito insustentável (Swapan e Gavin 2011). As incubadoras usam os reprodutores coletados do mar e produzem Pl (pós-larvas) para as fazendas de camarão. As PL também são coletadas do mar para criação nas fazendas de camarão (ver figura 11).

Antes da proibição da captura de alevinos de camarão selvagem em 2002, cerca de 95% do estoque da fazenda costumava vir das águas costeiras (Swapan e Gavin 2011). No mesmo período, cerca de 2.035 milhões de bagda PL foram coletados anualmente pelos coletores de sementes de camarão das águas costeiras (BFRI 2010). A recolha excessiva de reprodutores e PL tem vindo a exercer pressão sobre o stock selvagem de camarão (DoF 2006). Na última década, a disponibilidade de PL de camarão-tigre preto tem vindo a diminuir gradualmente (Hoq 2007). A captura de reprodutores também diminuiu tanto em termos de captura por unidade de esforço de pesca (CPUE)[11] e tamanho (BFRI 2010).

A criação intensiva e semi-intensiva de camarão depende fortemente de alimentos

[11] **Capturas por unidade de esforço de pesca (CPUE): as capturas totais divididas pela quantidade total de esforço utilizado para as efetuar**

formulados (EJF 2004b). A farinha de peixe formulada é produzida principalmente a partir de extractos de outros peixes marinhos e de algas marinhas (Deutsch et al. 2007). Verifica-se que "a produção de 1 kg de peixes carnívoros como o camarão requer até 5 kg de peixe selvagem" (Naylor et *al.* 2000 citado em Paul e Vogl 2011). A forte dependência da farinha de peixe exerce grande pressão sobre as espécies não-alvo das unidades populacionais de peixes selvagens nas águas costeiras do Bangladesh (EJF 2004b).

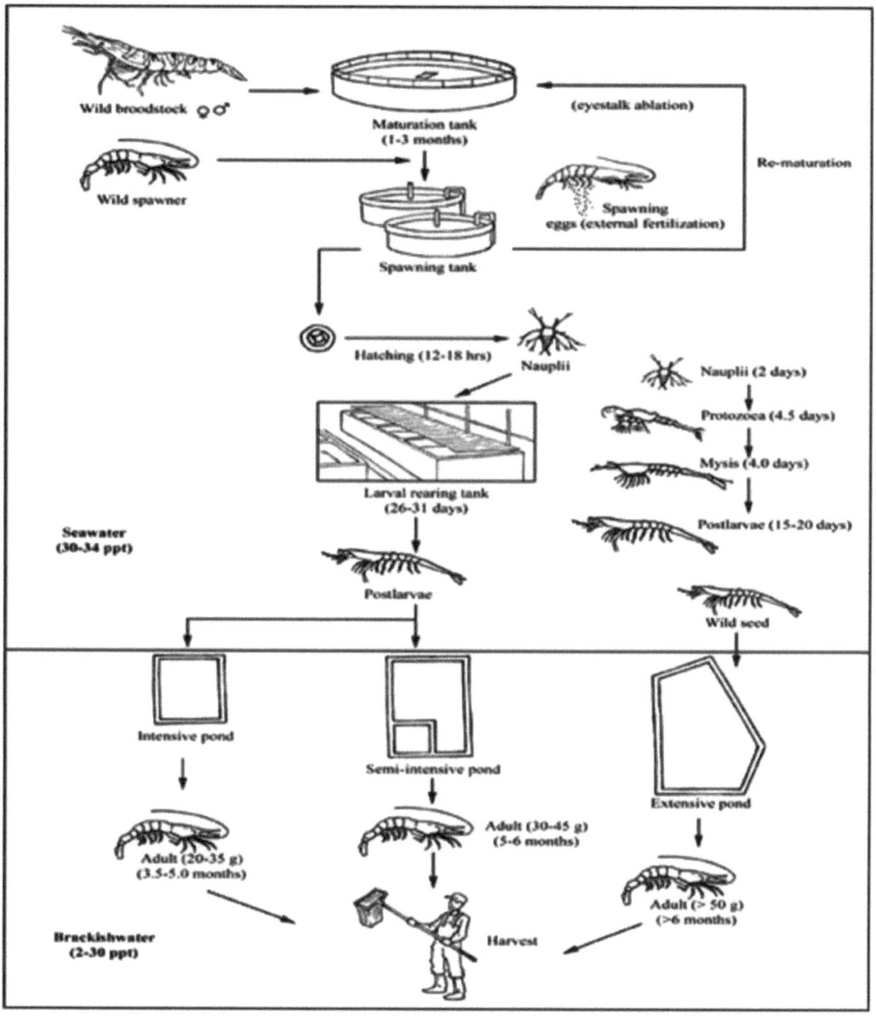

Figura: 11 Ciclo de produção do Penaeus monodon (FAO 2011, não paginado)

1.1.3 Conservação da Biodiversidade e dos Habitats

As práticas de pesca sustentáveis mantêm a diversidade do ecossistema, incluindo os habitats (MSC1999). O panorama da biodiversidade e dos habitats nas zonas de cultura de camarão do Bangladesh é muito sombrio. A cultura do camarão e as actividades que lhe estão associadas modificaram fortemente ou destruíram totalmente muitos dos habitats costeiros e marinhos das zonas de cultura (EJF 2004b; Deb 1998). Entre as actividades relacionadas com a criação de camarão, a limpeza dos mangais foi provavelmente a que mais contribuiu para a perda de habitat. Mais de 10.0000 hectares de florestas de mangue foram desmatados em Bangladesh até agora para a criação de camarão (Musa 2008; Paul & Vogl 2011).

A limpeza dos mangais resulta na perda de viveiros (discutida na secção 3.1.1) para várias espécies de peixes, incluindo **o mondal** panaseous, e na perda de outros habitats de vida selvagem (Hoq 2007; Musa 2008; Paul & Vogl 2011). A floresta de mangal actua como uma armadilha de nutrientes e sedimentos; e filtro para produtos químicos derivados dos tanques de camarão. Este processo é essencial para um ecossistema costeiro saudável. Geralmente, são necessários entre 2 e 22 hectares de mangais para filtrar a descarga poluída produzida por uma exploração de camarão de 1 hectare. Infelizmente, o Bangladesh não satisfaz sequer 0,1% das necessidades acima referidas (Deb 1998). Devido à perda ou modificação dos habitats, cinquenta e oito tipos de espécies de vida selvagem, incluindo o golfinho **de Irrawaddy** e o pelicano-de-bico-ponto, estão ameaçados na floresta **de Sunderban** (EJF 2004a; Swapan e Gavin 2011). É consensual no meio científico que os ganhos imediatos da cultura do camarão após a limpeza dos mangais são elevados durante um período máximo de 10 anos, ao passo que o rendimento final da floresta de mangais é superior ao do camarão e pode ser obtido por um período indefinido (Deb1998).

A pesca indiscriminada das unidades populacionais de camarão selvagem pelas frotas de arrasto de camarão (BFRI 2010); a elevada taxa de capturas acessórias (discutida na secção 3.1.1); a poluição química e biológica (discutida na secção 3.1.1) proveniente das explorações de camarão tem vindo a arruinar a produtividade primária e a cadeia alimentar marinha de várias espécies marinhas nas zonas de cultivo de camarão. O habitat mais danificado é provavelmente o local de desova[12] do camarão peneídeo[13] na costa próxima (BFRI 2010).

5.3 Sustentabilidade económica da criação de camarões no Bangladesh

A aquicultura do camarão é economicamente sustentável quando proporciona um benefício líquido à economia nacional e às comunidades locais (MSC 1999; GAA 1999). A indústria da aquicultura de camarão orientada para a exportação tem uma contribuição significativa para a economia do Bangladesh, em termos de receitas de exportação, geração de emprego e desenvolvimento de algumas actividades de ligação a montante, como fábricas de rações, fábricas de gelo, incubadoras, etc. (Alauddin & Tisdell 1998; BSFF 2010). No entanto, os chamados benefícios foram obtidos à custa da degradação ecológica e socio-ecológica.

De facto, os benefícios externos (por exemplo, indústrias de ligação para trás) da aquicultura de camarão são muito inferiores aos custos externos (por exemplo, degradação ecológica e socioeconómica) quando os impactos socioeconómicos e ambientais mais amplos são considerados numa avaliação abrangente (Gunawardena e Rowan 2005).

Outro aspeto importante desta indústria é o facto de o camarão ser produzido principalmente para o mercado de exportação, para satisfazer a procura dos consumidores ricos dos países desenvolvidos (UNRISD 1996). Não ajuda a reduzir a subnutrição local (Deb 1998). A maior parte da população local não tem meios para comprar estes camarões dispendiosos (AlJazeera 2011). Na maioria dos casos, as cabeças dos camarões exportados e os camarões de baixa qualidade rejeitados pelas fábricas de transformação ou descartados dos viveiros devido a surtos de doenças são vendidos nos mercados locais (Deb1998).

Esta indústria orientada para a exportação é extremamente vulnerável a muitos elementos que escapam ao seu controlo. A flutuação do mercado internacional, o

---

[12] **Zona de desova : Para depositar ovos**

[13] **Camarões peneídeos: camarão branco** (Litopenaeus setiferus)**, camarão rosa** (Farfantepenaeus duorarum) **e camarão castanho** (Farfantepenaeus aztecus)

aumento das condições de segurança alimentar e a exigência de rastreabilidade[14] das cadeias de abastecimento impostas pelos países importadores podem provocar o crescimento do sector, o que aconteceu no passado em várias ocasiões (**por exemplo,** a proibição pela UE do camarão do Bangladesh em 1997 por razões de segurança alimentar) (DoF 2006).

5.4 . Sustentabilidade social da criação de camarões no Bangladesh

A aquicultura do camarão é socialmente sustentável quando

- não perturbe os meios de subsistência das comunidades locais (FAO 1995) e garanta o acesso aos recursos tradicionais (PIRSA 2002)
- contribui para a redução da pobreza (FAO 2006)
- Considera outros impactos sociais relevantes e apoia medidas de atenuação para lidar com os impactos (MSC 1999; NOAA 2011).

As secções seguintes analisam a sustentabilidade social da indústria da aquicultura do camarão no Bangladesh com base nos aspectos acima referidos.

5.4.1 Meios de subsistência das comunidades locais e o seu acesso aos recursos tradicionais

recursos

A distribuição desigual da propriedade da terra; a diminuição da produtividade agrícola; a perda da rede de segurança económica tradicional; a interrupção do acesso aos recursos tradicionais limitaram as opções de subsistência das comunidades locais e a taxa de desemprego está a aumentar.

5.4.1.1 Distribuição desigual das terras

A criação de camarão promoveu a passagem do empreendedorismo e da propriedade individual para o trabalho assalariado, uma tendência que resultou num menor número de proprietários e num maior número de trabalhadores (ver figura 12). Este facto promoveu também uma distribuição desigual da propriedade da terra nas regiões

[14] **Rastreabilidade: A rastreabilidade é um sistema através do qual o peixe (ou quaisquer outros produtos alimentares) e quaisquer factores de produção que possam ter sido incorporados no peixe podem ser rastreados desde a sua origem até ao nível do consumidor**

costeiras do Bangladesh (EJF 2004a).

A criação intensiva e semi-intensiva de camarão é dispendiosa para os agricultores pobres e marginais. Além disso, eles têm menos capacidade económica de recuperar as perdas do negócio de camarão causadas por ciclones ou inundações (Swapan e Gavin 2011). Os grandes proprietários locais e as pessoas de fora (Alam **et al.** 2005) estão a aproveitar esta oportunidade e estão em vantagem em termos de acesso a capital político, social e financeiro e da sua capacidade de suportar riscos (Swapan e Gavin 2011).

Os empresários influentes obtêm terras em regime de arrendamento do governo ou, na maioria dos casos, obrigam simplesmente os agricultores pobres locais (ver caixa 1) a arrendar as suas terras (DoF 2006; Deb 1998; Swapan e Gavin 2011). Em muitas ocasiões, os arrendatários são favorecidos pelas instituições governamentais. Por exemplo, em 1985, o governo arrendou 1990 ha de terra **khas** (terra pertencente ao governo) a vários indivíduos para a criação de camarão no distrito de **Coxs Bazar**.

Os arrendatários eram principalmente empresários estrangeiros. Eles subarrendaram a terra a grandes proprietários locais (Deb 1998). A prática do subarrendamento é muito comum nas zonas de cultivo de camarão, o que resultou numa relação centro-periferia (Deb 1998).

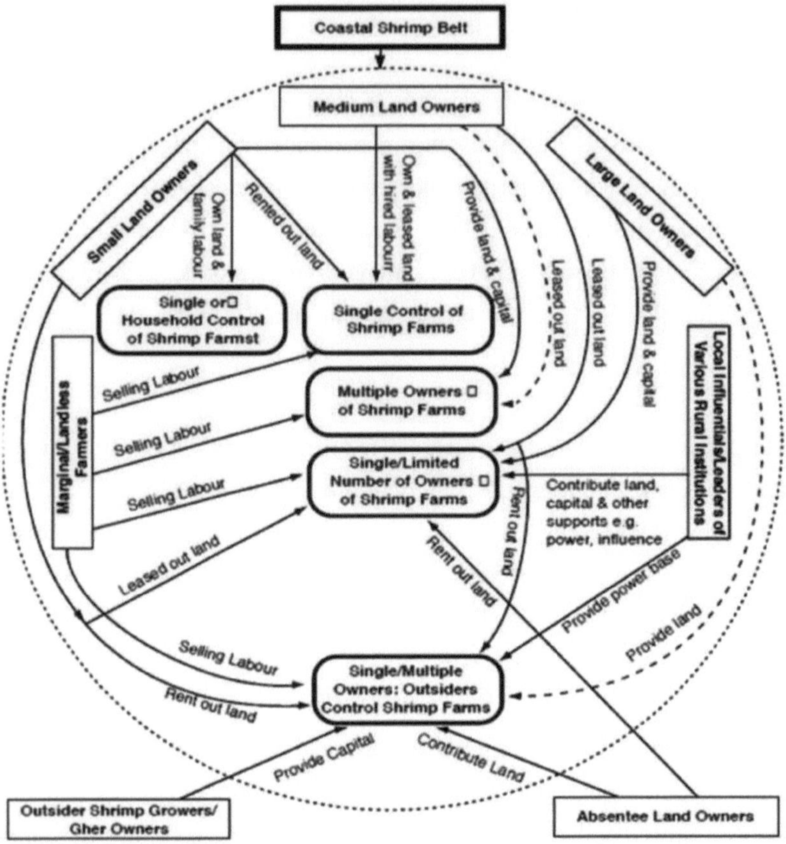

Figura: 12 Mecanismo de propriedade e controlo na indústria do camarão do Bangladesh.
Fonte: (Alauddin e Hamid, sem data, p.57).

Num estudo, verificou-se que os grandes agricultores e empresários controlam cerca de 15 vezes mais terras do que os agricultores locais pobres nas zonas de criação de camarão do Bangladesh. Cerca de 71% dos muito pobres não controlam qualquer terra nas zonas de cultivo (EJF 2004a). Atualmente, os grandes agricultores locais e os empresários externos controlam a maior parte das explorações de camarão (Swapan e Gavin 2011; AlJazeera 2011). A perda de controlo sobre a terra força os pobres locais a uma maior pobreza.

Box: 1 A terra de Bhushan Chandra é confiscada

Bhushan Chandra Roy e a sua família de oito membros vivem na aldeia de Bara Durgapur, perto da cidade costeira de Khulna. Há dez anos, a sua parcela de terreno de sete acres produzia arroz suficiente para alimentar a sua família, para além de um excedente que vendia para obter dinheiro extra. Mas agora produz apenas um terço dessa quantidade. Iqtiaruddin Bablu, um comissário da Khulna City Corporation, tem vindo a cultivar camarão numa quinta de 300 acres na zona de Bhushan nos últimos 10 anos. O comissário Bablu não é proprietário das terras, nem vive ou trabalha nelas. Bhushan foi ameaçado por Bablu e acabou por arrendar as suas terras por uma renda injusta de 100 dólares por ano. No ano passado, o Comissário Bablu ganhou quase seis vezes mais por cada acre que controlava, obtendo quase 175.000 dólares americanos (Gain, sem data).

5.4.1.2 Emprego na agricultura tradicional

A intrusão de água salgada e a poluição química afectaram negativamente a produtividade das terras agrícolas devido ao declínio da fertilidade (UNEP 1999). A transformação dos campos de arroz em tanques de camarão (Paul e Vogl, 2011); o aumento da salinidade nas terras não agrícolas e as mudanças gerais "na mistura de culturas; intensidade de cultivo; calendário de cultivo" (UNEP 1999, p.4) reduziram significativamente o rendimento do arroz nas áreas agrícolas (Paul e Vogl 2011). Este facto tornou o cultivo tradicional de arroz não rentável (EJF 2003). As comunidades locais estão a abandonar cada vez mais o cultivo do arroz, ficando assim privadas dos seus meios de subsistência tradicionais.

Caixa: 2 A família de Rahima khatun está destroçada

Rahima khatun é uma mulher de meia-idade, diarista, da zona de Galachipa, no distrito de Patuakhali, que cultivava arroz no seu pequeno terreno de 1 hectare. Também cultivava legumes na sua quinta e criava gado e aves de capoeira. A produção, embora insuficiente, era uma grande ajuda para a sua família de cinco membros. Depois que a criação de camarões começou na área, grande parte de sua terra é inundada com água salina na maior parte do ano. Agora, a sua terra perdeu a fertilidade e não produz nada.

Atualmente, ela e o marido trabalham como jornaleiros. O marido trabalha numa exploração local de camarões como trabalhador ocasional. É mal pago e, por vezes, enganado no seu salário. Tem dificuldade em sustentar a família com o seu pequeno rendimento. Atualmente, Rahima khatun começou a trabalhar como diarista, expondo-a a vários riscos. Os seus três filhos abandonaram a escola primária e começaram a trabalhar como colectores de camarões nas águas costeiras (Azad 2011, per.comm.).

5.4.1.3 Rede de segurança económica tradicional

Nas zonas rurais do Bangladesh, o gado desempenha tradicionalmente um papel vital nos meios de subsistência das comunidades. Fornece alimentos (leite e carne) e rendimentos. Funciona como uma rede de segurança social para os pobres durante o período de dificuldades financeiras (Deb.1998). Este magro rendimento ajuda os pobres a sustentar a sua vida (Deb1998; Swapan e Gavin 2011).

No entanto, a população de gado está a diminuir nas zonas de criação de camarão porque cada vez mais terras de pastagem baixas estão a ser convertidas em explorações de camarão. Um relatório estimava que 80% dos agregados familiares nas zonas de criação de camarão dos distritos de Khulna e Satkhira tinham registado um declínio notável na produção de gado e de aves de capoeira (EJF 2004a).

O declínio das terras de pastagem reduziu substancialmente os recursos pecuários (Ali 2006; (Paul & Vogl 2011). O número atual de gado (média de 2 por agregado familiar) diminuiu significativamente em comparação com o número de gado (média de 6 por agregado familiar) antes do período de cultivo de camarão. Os agricultores têm de comprar capim para o seu gado a um preço mais elevado em áreas livres de salinidade. Devido aos custos de manutenção mais elevados, os agricultores pobres vendem o seu gado ou levam-no para fora das áreas de cultivo de camarão (Swapan e Gavin 2011).

5.4.1.4 Acesso a recursos comuns

Infelizmente, a criação de camarões no Bangladesh transformou "o sistema de recursos costeiros de utilização múltipla num sistema privado de utilização única" (Deb, 1998). Embora alguns tenham beneficiado da melhoria das infra-estruturas em algumas zonas, para muitas comunidades locais as explorações de camarão têm constituído um obstáculo ao seu acesso aos recursos tradicionais (por exemplo, a recolha de recursos dos mangais e a pesca nas águas costeiras). Esta situação agravou ainda mais a situação dos meios de subsistência das comunidades costeiras pobres (AlJazeera 2011).

5.4.1.5 Emprego líquido

A indústria do camarão continua a dar emprego a cerca de 100 000 pessoas (BFRI 2010). Após a proibição de 2002 da recolha de alevins de camarão em águas costeiras abertas, este número (emprego de 100 000 pessoas) continua a ser questionado, porque o elevado número de emprego anterior era principalmente na recolha de alevins de camarão nas águas costeiras (BOBLME 2004). Embora haja alguma recolha ilegal de alevins de camarão nas águas costeiras, o número de trabalhadores na atividade de recolha de alevins reduziu significativamente (Alam **et al.** 2005). Mesmo antes da proibição, o elevado número de postos de trabalho alegado não representava, na realidade, um ganho líquido de emprego, porque a maioria dos colectores de alevins de camarão estava desempregada devido à criação intensiva de camarão (EJF 2004a).

Num estudo, verificou-se que as explorações de camarão tinham proporcionado emprego a menos de 10% das pessoas desempregadas, que tinham perdido os seus empregos no cultivo tradicional devido à criação de camarão (Swapan e Gavin 2011).

De facto, a indústria de camarão de capital intensivo não tem capacidade para empregar a maioria das pessoas desempregadas (devido à criação de camarão) porque a necessidade de mão de obra é apenas um quarto na criação de camarão em relação à das actividades agrícolas tradicionais (Swapan e Gavin 2011). Isso significa que cerca de três quartos da força de trabalho baseada na agricultura permanecerá desempregada, a menos que sejam criados empregos alternativos.

A taxa de remuneração nas actividades relacionadas com a cultura do camarão é também muito baixa. Em média, as pessoas costumavam receber US$ 1 por dia para trabalhar em campos de arroz ou vegetais, que estavam disponíveis durante todo o ano, enquanto agora recebem US$ 0,70 para trabalhos de terra (sazonais) nos viveiros de camarão ou para capturar camarão durante o período de colheita (Swapan e Gavin 2011).

5.4.2 Contribuição para a redução da pobreza

A perda de controlo sobre a terra e outros recursos por parte das comunidades locais; a diminuição da produtividade agrícola; o aumento do desemprego; a perda da rede de segurança económica tradicional causou uma pobreza generalizada na comunidade local (Swapan e Gavin 2011; AlJazeera 2011).

No entanto, a distribuição desigual dos rendimentos e dos lucros agravou a situação. No Bangladesh, os agricultores ricos (grandes agricultores locais e empresários de fora) controlam a maior parte das explorações de camarão e ficam com a parte de leão dos lucros, enquanto os agricultores pobres locais ficam com pouco (ver figura 13) (Alam **et al.** 2005; Swapan e Gavin 2011; AlJazeera 2011).

Mesmo os agricultores pobres e marginais não podem receber o magro dinheiro do arrendamento (para arrendar terras) na íntegra dos grandes agricultores. Num estudo, verificou-se que mais de 50% do dinheiro do arrendamento não foi realizado nas áreas de cultivo de camarão (Swapan e Gavin 2011).

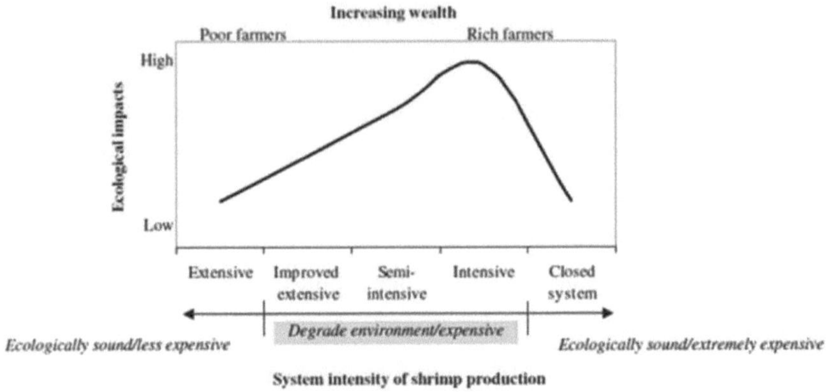

Figura: 13 a relação entre pobreza e intensidade do cultivo de camarão (Swapan e Gavin 2011, p. 53).

5.4.3 Perturbação da ordem social e marginalização das populações locais

A falta de disposições legais efectivas e a fraqueza institucional têm vindo a degradar a situação da lei e da ordem (ver caixas 3 e 4) nas zonas de cultivo de camarão do Bangladesh há muito tempo (DoF 2006; AlJazeera 2011). Os conflitos de terra relacionados com a criação de camarão são a principal preocupação para a desordem social nas zonas de cultivo (Swapan e Gavin 2011; DoF 2006). Actos de intimidação e outras formas de violência, incluindo assassínio, praticados por bandidos associados às explorações agrícolas contra manifestantes ou a comunidade local são muito comuns no Bangladesh (UNEP 1999; Nijera Kori 2011; AlJazeera 2011).

Os violentos confrontos nas zonas de cultivo de camarão causaram a morte de 150 pessoas desde 1980 (EJF 2004a). Infelizmente, os infractores raramente são levados à justiça. Na maioria dos casos, os perpetradores são favorecidos pela administração local, pela polícia e por outros organismos responsáveis pela aplicação da lei (UNEP1999; AlJazeera 2011). As vítimas de violência relacionada com a exploração de camarão não podem suportar o longo e dispendioso processo de litígio (EJF 2003; AlJazeera 2011), mas assistem impotentes à deterioração da sua vulnerabilidade.

Box: 3 Karunamoi Sardar foi morto e queimado

Karunamoi Sardar era uma dirigente local do movimento dos sem-terra contra a criação de camarões na região de Khulna. Em 7 de novembro de 1990, manifestou-se pacificamente contra a ocupação de campos por um industrial local na aldeia de Harin Khola. Os homens do industrial atacaram o protesto com armas e bombas de fabrico caseiro. Karunamoi morreu instantaneamente e o seu corpo foi queimado pelos malfeitores. Outro manifestante, Rupban bibi, morreu mais tarde e várias pessoas ficaram gravemente feridas. O dia 7 de novembro tornou-se agora um dia de protesto contra a indústria do camarão na região (Nijera Kori 2010).

Caixa:4 Participação do Partido *Sarbahara* (partido clandestino proibido)

Há muito tempo que os partidos políticos proibidos, como o Partido Comunista de Bengala Ocidental (*Purba Bangla Sarbahara Party*), estão envolvidos em várias actividades criminosas nas zonas costeiras e fronteiriças do sudoeste (adjacentes à fronteira com a Índia) do Bangladesh, onde a cultura do camarão está em expansão. Estes partidos não têm qualquer agenda política, a não ser a cobrança de resgates e a realização de outras actividades ilegais, e as fazendas de camarão estão a tornar-se um centro das suas actividades. Até os proprietários das fazendas de camarão contratam por vezes os hooligans dos partidos políticos proibidos para intimidar ou matar os opositores (Mizanur 2011).

5.4.4 Marginalização das populações locais e migração

O declínio da produção agrícola, o declínio líquido do emprego, a diminuição da taxa de remuneração e o receio de assédio forçaram um grande número de pessoas a abandonar as suas terras e a sua fonte de subsistência, conduzindo à marginalização e ao aumento da migração para as zonas urbanas. Estima-se que 120 000 pessoas tenham sido expulsas das suas terras agrícolas só na região de **Satkhira** (EJF 2004(a)). Um estudo concluiu que a criação de camarão e as externalidades negativas associadas obrigaram 20% do total de agregados familiares da região de **Koyra**, no distrito de **Khulna**, a migrar nos últimos dez anos (Swapan e Gavin 2011). Estas pessoas deslocadas internamente devido à criação de camarão deslocam-se geralmente para os bairros de lata de **Khulna** e outras grandes cidades do Bangladesh e vivem em condições desumanas terríveis (Banglapedia 2011).

5.5 Conclusões gerais

De facto, a indústria da aquicultura costeira do camarão no Bangladesh expandiu-se rapidamente sem um controlo adequado e ultrapassou o desenvolvimento da legislação nacional. No entanto, apesar do desenvolvimento de políticas encorajadoras nos últimos anos, a aplicação global das políticas e o cumprimento das regras e normas continuam a ser deficientes devido às deficiências das instituições e das suas capacidades, o que agravou a degradação ecológica e os conflitos sociais nas zonas de cultivo.

A degradação ecológica e socioeconómica não pode ser justificada pelas receitas de exportação a curto prazo e pelos benefícios de alguns. Os benefícios foram obtidos não só à custa da degradação ambiental e da desordem socioeconómica, mas também à custa do futuro. Assim, esta tendência de crescimento não planeado da indústria da aquicultura do camarão no Bangladesh está em contradição com o conceito de desenvolvimento sustentável.

A prática atual de desbravamento dos mangais para a criação de camarão, o excesso de reprodutores e a recolha de alevins de camarão do mar, a elevada taxa de capturas acessórias e devoluções e a destruição de habitats estão a exercer uma forte pressão sobre as capacidades produtivas dos recursos (por exemplo, florestas de mangais, reservas de camarão, peixes de barbatanas e outras espécies aquáticas), o que prejudicará as capacidades de rendimento a longo prazo. A produção da floresta de mangue e dos produtos da pesca pode ser obtida por um período indefinido, que é sacrificado por um ganho de curto prazo das fazendas de camarão. De facto, devido ao declínio da produtividade e da capacidade de carga dos recursos naturais das zonas costeiras, a ecologia e a comunidade locais e a própria indústria da aquicultura do camarão costeiro enfrentarão uma maior vulnerabilidade no futuro.

CAPÍTULO 6

Recomendações e conclusões

6.1 Recomendações

Não é fácil tirar uma conclusão definitiva sobre um problema de tão grande escala com base num estudo de tão pequena escala. Os dados primários e um estudo alargado podem dar-nos um resultado melhor. No entanto, gostaria de apresentar algumas recomendações, com base no estudo de dados secundários e na minha própria experiência de trabalho como funcionário público em várias funções do governo nos distritos costeiros do Bangladesh.

6.1.1 Reforço institucional e desenvolvimento de capacidades

As orientações políticas existentes não podem trazer a sustentabilidade esperada na indústria, a menos que sejam operacionalizadas através de outros actos e alterando as políticas relacionadas existentes (discutidas na secção 5.1.1). De facto, o governo deve formular uma lei abrangente (por exemplo, a Lei da Aquicultura Sustentável do Camarão) que englobe todos os aspectos da atividade.

Para além da melhoria da política, o governo deve tomar as medidas necessárias para aumentar a capacidade das agências governamentais, especialmente o departamento das pescas. O governo deve autorizar o departamento de pescas a apoiar o sector com novas estratégias ou a 'Autoridade de Aquacultura' proposta, tal como sugerido na Sub-Estratégia do Camarão 2006 (DoF 2006), deve ser tornada operacional. Para uma melhor coordenação a nível local, é necessário criar um Comité de Coordenação Distrital (CCD) para o sector da aquicultura do camarão em cada um dos distritos costeiros de criação de camarão, representado por todos os intervenientes no sector. Deveria haver maior flexibilidade operacional nos gabinetes no terreno, como os gabinetes de pesca de **Upazilla** (sub-distrito).

O controlo continua a ser um grande problema para o sector. A capacidade de controlo do Departamento das Pescas e da Guarda Costeira tem de ser aumentada. Deveria haver uma ligação mais prática entre o Departamento das Pescas e a Guarda Costeira no que respeita aos recursos humanos e à logística. Deste modo, garantir-se-á uma melhor aplicação das medidas regulamentares nas águas costeiras.

Além disso, o Governo deve assegurar a participação da comunidade local no planeamento e desenvolvimento da gestão das zonas de cultura de camarão. Caso contrário, nenhuma iniciativa garantirá o crescimento sustentável do sector.

6.1.2 Gestão integrada das zonas costeiras e ordenamento do território

A abordagem setorial da indústria da aquicultura do camarão costeiro e a ausência de qualquer planeamento para a utilização das terras costeiras resultaram em muitos dos problemas ambientais e sociais gerais existentes nas zonas de cultivo. Para compensar os impactos negativos desta indústria, devem ser preparados planos de gestão integrada das zonas costeiras. As zonas adequadas para as explorações de camarão devem ser designadas por zonamento do território. O ordenamento do território assegurará a melhor utilização dos recursos costeiros e reduzirá a degradação ambiental (PNUA 1999).

6.1.3 Registo das explorações de camarão e das incubadoras

O registo das explorações de camarão e das incubadoras deve ser levado mais a sério, pois é muito importante para garantir a ordem na indústria e o seu crescimento sólido. Tal contribuirá para a aplicação de práticas agrícolas sustentáveis e para garantir a rastreabilidade do produto. A rastreabilidade ajudará também a responsabilizar as explorações e as maternidades pelo incumprimento das regras e regulamentos.

6.1.4 Reforço dos direitos de propriedade

Qualquer transferência de direitos sobre a terra (venda ou arrendamento) deve ser registada no gabinete fundiário da Upazilla (sub-distrito). Esta medida ajudará a minimizar a incidência da apropriação de terras por empresários influentes. Uma determinada percentagem de terras públicas nos distritos costeiros de criação de camarão deve ser reservada para ser atribuída às pessoas com menos terras. Uma determinada percentagem de terras públicas arrendáveis (adequadas para a criação de camarão) deve ser alugada aos agricultores marginais mediante o pagamento de uma renda nominal.

6.1.5 Avaliação do impacto ambiental (AIA)

Deve ser introduzida uma AIA obrigatória para os projectos de criação de camarão. Esta medida ajudará a minimizar as alterações ecológicas adversas e as consequências sociais e económicas conexas. No entanto, não é viável que uma pequena exploração tenha uma avaliação do impacto ambiental. O Governo pode reunir as explorações existentes em vários agrupamentos (Islam 2008) e pedir às explorações que formem algum tipo de associação. Um agrupamento de explorações agrícolas pode efetuar a AIA como uma entidade única. A instalação de uma nova exploração agrícola só deve ser permitida num agrupamento específico.

6.1.6 Gestão dos mangais

É necessário pôr termo ao desmatamento dos mangais para a cultura do camarão. A plantação de mangais em torno dos tanques de cultura deve ser obrigatória. O governo pode fornecer mudas de mangue aos pequenos agricultores a preço nominal e aos agricultores comerciais a preço de mercado. A prova de contribuição financeira para um projeto governamental ou não governamental de reflorestação de mangais pode ser solicitada às grandes explorações comerciais onde não existam terrenos adequados para a plantação de mangais. Em caso de abandono das explorações de camarão, os proprietários devem ser convidados a replantar mangais ou outra vegetação de zonas húmidas nas áreas abandonadas (GAA 1999).

6.1.7 Fundo de Eco-Restauração

Este fundo pode ser criado com contribuições provenientes de taxas e impostos do sector. Este fundo pode ser utilizado para a recuperação e proteção de habitats de zonas húmidas e terras agrícolas. Pode também ser utilizado para indemnizar as pessoas cujos meios de subsistência tenham sido prejudicados pela criação de camarão (EJF 2004a).

6.1.8 Rotulagem ecológica

A introdução de uma rotulagem ecológica obrigatória ajudará os compradores a adquirir camarão produzido de forma sustentável. Isto, por sua vez, exercerá pressão sobre os produtores para que adoptem práticas agrícolas sustentáveis (EJF 2004a).

6.1.9 Promoção de medidas de biossegurança

A promoção de medidas de biossegurança deve ser reforçada em toda a cadeia de produção (USAID 2005). A indústria do camarão do Bangladesh não pode correr o risco de propagação de mais doenças como o vírus da síndrome da mancha branca (WSSV) e o vírus da cabeça amarela (YHV). Não deve ser permitida a importação de camarões fritos do estrangeiro sem quarentena.

6.1.10 Controlo da recolha de reprodutores

O excesso de recolha de reprodutores nas águas costeiras já está a limitar as capacidades de produção. A situação poderá agravar-se num futuro próximo. O Governo deveria restringir a recolha de reprodutores a uma determinada época do ano e restringi-la a zonas específicas. A concessão de licenças aos colectores de reprodutores pode também contribuir para a reconstituição das unidades populacionais depauperadas.

6.1.11 Reforço do sistema de apoio

Comparado com a dimensão da violência relacionada com a criação de camarão, o serviço de apoio às vítimas é muito limitado nos distritos costeiros. O Governo pode criar um centro de serviços de apoio em cada Upazilla Nirbahi Office (gabinete administrativo sub-distrital) das zonas de criação de camarão. O Upazilla Nirbahi Officer (diretor executivo do subdistrito) tem poderes de magistrado e pode resolver muitos dos delitos relacionados com a criação de camarão.

6.1.12 Geração alternativa de emprego

O Governo deve intensificar os seus esforços no sentido de criar meios de subsistência alternativos nas zonas de criação de camarão para minimizar a pressão sobre os recursos costeiros e reduzir a taxa de marginalização das populações pobres locais. Para este efeito, o governo pode envolver as organizações não governamentais. O turismo ecológico também pode ser uma opção viável.

6.2 Conclusão

A criação de camarão tornou-se uma questão muito sensível para o governo e também para a comunidade. Por um lado, a segunda maior indústria de exportação está a gerar as tão necessárias divisas estrangeiras para o país. Por outro lado, está a degradar gravemente o ambiente ecológico e socioeconómico das zonas de cultivo. A degradação ambiental, em particular, não pode de modo algum ser justificada por benefícios económicos. As consequências ambientais são de grande alcance e o seu impacto pode ser observado mais tarde, durante um longo período de tempo. Além disso, alguns dos impactos ambientais, como a perda de biodiversidade, são irreversíveis. Se o atual ritmo de degradação se mantiver, não só a sustentabilidade da ecologia costeira, incluindo a ecologia marinha, estará em perigo, como também a própria existência da indústria do camarão. Contudo, não é possível que um país como o Bangladesh, com uma governação fraca e condições socioeconómicas deficientes, elimine gradualmente a indústria de um dia para o outro. O país deve procurar receitas de exportação alternativas e tentar encontrar um equilíbrio entre os ganhos a curto e a longo prazo, bem como entre os benefícios privados e sociais, com base no conceito de sustentabilidade.

Apêndice: 1

Código internacional de conduta e regulamentos relativos à pesca e à aquicultura do camarão

Organization and Guideline	Social Aspects	Ecological Aspects	Economic Aspects	Institutional and legal aspects
Code of Conduct for Responsible Fisheries (CCRF)1995, FAO	Rational use of resources shared by aquaculture and other activities (Article 9.1.3) Ensure livelihoods of local communities, and their access to fishing	Undertaking appropriate environmental assessment (Article 9.1.5) Maintaining the quality, diversity and availability of fishery resources (Article 6.2) Preventing over fishing (Article 6.3) Minimization of catch of non-target species (Article 6.6)		Introduction of effective legal and administrative framework (Article 9.1.1)

Evaluation Indicators	Access to common resources (Article 9.1.4) Community consultation (Article 9.4.2)	Stress to Target and Non target species (Article 6.3, 6.6) Chemical pollution (Article 9.4.5 and 9.4.6) Spread of exotic species(Article 9.3.1)		Precautionary approach (article:9.1.2)
A code of conduct for European Aquaculture 1999 *FEAP (Federation of European Aquaculture producers)*	Improvement of the social compatibility of aquaculture (principle A(xi) Equitable use of the resources (principle c)	Minimisation of potential for contamination of the environment(principle C(3) Compatibility of farm sites with: (i) long-term sustainable operations; and (ii) acceptable ecological effects (principle C (2)	Deliver economic stability (principle D (v).	Development and implementati on of policies (principle A(i)

Evaluation Indicators		Spread of exotic species (principle 2, C3(a) Chemical pollution (principle C3(b) Reliance on supplementary feed (principle 4)	Short and long-term balance between supply and demand D(v)	Safe and stable workplace (principle D (iii) Adoptation of precautionary approach (principle 3 (iii)
Australian Aquaculture Code of Conduct 2002 *AAF (Australian Aquaculture Forum)*	Recognition and promotion of the community benefit (principle 2) Recognition of the needs of other users of the waterways and promotion of methods to minimise user conflicts (principle 2)	Monitoring of relevant environmental performance standards (principle 1) Reduction of stress to stock (principle 4) Ensure the correct use and disposal of registered chemicals(principle 3) Controlling the spread of exotic species (principle 3)	Ensuring economic viability (page 2)	Encourage research and development programs (principle 4)

Evaluation Indicators	Involvement in the policy formulation and implementation process (principle 1)	Chemical pollution (principle 3) Reliance on supplementary feed (principle 3) Spread of exotic species (principle 3) Stress to target and Non target species (principle 4)			
Guidelines for BAP Standards Shrimp Farms 1999 *GAA (Global Aquaculture Alliance)*	Ensure local communities access to public mangrove areas, fishing grounds or other public resources (standard 2)	Shrimp farms shall not be located in mangrove areas (standard 4) Farming activities without causing salinization of land and water in the farming areas and without depleting the ground water level in surrounding area (standard 6,7) No use of wild post larvae (standard 8) No use of use banned antibiotics, drugs and other chemical compounds (standard 10)			Compliance with local and national labour laws (standard 3)

		Farm operations without damaging wetlands or reducing the biodiversity of coastal ecosystems (standard 4)		
Evaluation Indicators	Access to common resources (standard 2) Scarcity of drinking water (standard 7)	Loss of mangroves and wetlands (standard 4) Chemical pollution (standard 5,9) Salination of water and land (standard 6) Spread of exotic species (standard 8)		Safe working condition (standard 3)
MSC Principles and Criteria for Sustainable Fishing 1999 *MSC (Marine Stewardship Council)*	Compliance with the legal and customary rights and long term interests of people dependent on fishing for food and livelihood (principle 3(A)	No over-fishing or depletion of the exploited populations (principle 1) Maintain the structure, productivity, function and diversity of the ecosystem (including habitat and associated dependent and ecologically related species) on which the		Incorporate institutional and operational frameworks (principle 3)

		fishery depends (principle 2) Minimisation of operational waste (principle 3(B)		
Evaluation Indicators	Involvement in the policy formulation and implementation process (principle 3 A2) Access to common resources (principle 3(4)	Stress to target and Non target species (principle 1, 3A(10) Loss of native vegetations (principle 2) Endangered species (principle 2)		Precautionary approach (principle 2 (2)

International Principles for Responsible Shrimp Farming 2006 *FAO (Food and Agriculture Organization of the United Nations)* *NACA(Network of Aquaculture centres in Asia –pacific)*	Recognizing other land uses that other people and species depend upon (Principle 1) Ensure that the industry benefits the local communities (Principle 8)	Setting up shrimp farms in environmentally suitable locations (Principle 1) Design and construct shrimp farms in ways that minimize environmental damage (Principle 2) Minimise the impact of water use for shrimp farming on water Resources (Principle 3) Reduction of demand for wild stocks(Principle 4)	Ensure that the industry benefits the farm, the local communities and the country (Principle 8)	Preparation and regular update of national development strategies and plans (para 3.1)
Evaluation Indicators	Shrimp farms above the inter-tidal zone (Principle 1)	Loss of mangroves and wetlands (Principle 1) Chemical pollution (Principle 3,5,6,7) Spread of exotic species		Worker welfare and fair working conditions (Principle 8)
Guidance for Aquaculture in federal waters 2011 *NOAA (National*	Identifying and supporting mitigation measures to address social impacts (goal 4)	Aquaculture must be compatible with the functioning of healthy, productive, and resilient marine ecosystems (goal 1)	Ensure aquaculture provides a net benefit to the **Nation's**	Coordination among concerned agencies (goal 2,5)

Oceanic and Atmospheric Administration) ,USA			economy(goal 4)	
Evaluation Indicators		Spread of exotic species (goal 1,5) Stress to Target and Non target species (goal 1) Reliance on supplementary feed (goal 1) Chemical pollution (goal 5)		Precautionary approach (goal 3) Worker welfare (goal 5)

Referências:

Ahmed 2011, 'Some of the major environmental problems relating to **land use changes in the coastal areas of Bangladesh: A review",** *Journal of Geography and Regional Planning*, vol. 4, no. 1, pp. 1-8, janeiro de 2011.

Alam, SMN; Lin, CK; Yakupitiyage, A; Demaine, H & Phillips, MJ 2005, **'Compliance** of Bangladesh shrimp culture with FAO code of conduct for **responsible fisheries: a development challenge',** *Ocean Coastal Management*, vol. 48, pp.177-188.

Alauddin, M & Tisdell, C 1998, 'Bangladesh's Shrimp Industry and Sustainable Development: Resource-Use Conflict and the Environment", *Asian Fishel'ies Science*, **vol.11, pp. 97-110.**

Alauddin, M and Hamid, A Undated, *'Shrimp Culture in Bangladesh with Emphases on Social and Economic Aspects',* University of Queensland, Australia, viewed 12 June 2010, <http://www.aciar.gov.au/system/files/node/2196/pr90chapter09.pdf>.

AlJazeera **2011, '101 East: Small fry, big catch',** documentário, 21 de abril, visto a 13 de novembro de 2011, <http://www.youtube.com/watch?v=KqkItyqB1jc.> .

Anwar, SM 2003, Effect of Shrimp Culture on Ecology in the Coastal Areas of Bangladesh, Tese submetida a: Gunilla A. Olsson, Departamento de Biologia, NTNU, consultado a 15 de agosto de 2011, < www.sma-bd.com/documents/ Effect%20of%20Shrimp%20culture.PDF>

Arquitt,S; Honggangb X and Johnstone, R 2005, A system dynamics analysis of boom and bust in the shrimp aquaculture industry, System Dynamics Review, vol. 21, no. 4, (Winter 2005), pp. 305-324, visualizado em 16 de outubro de 2011, <http://www.scribd.com/doc/35887692/A-System-Dynamics-Analysis-of- Boom-and-Bust-in-the-Shrimp-Aquaculture-Industry>.

Azad, A; Jensen, K & Lin, C 2009,'Coastal aquaculture development in Bangladesh: Unsustainable and sustainable Experiences", *Environmental Management,* vol. 44, pp.800-809.

Bangladesh Frozen Food Exporter Association (BFFEA) 2011, "Country profile, Frozen Shrimp & Fish Exports from Bangladesh", consultado em 12 de agosto de 2011 ,<http://www.bffea.net>.

Bangladesh Fisheries Research Institute (BFRI) 2010, "Sustainable Management of Fisheries Resources of the Bay of Bengal", consultado em 14 de agosto de 2011, <www.boblme.org/documentRepository/BOB%20Bangladesh%20Report.pdf>.

Bangladesh Shrimp and Fish Foundation (BSFF) 2011, consultado em 21 de novembro de 2011, http://www.shrimpfoundation.org/index.php2scriptzstatistics.

Banglapedia 2011, consultado em 27 de outubro de 2011, <http://www.banglapedia.org>.

BDCAN 2011, Galda shrimp, consultado em 23 de novembro de 2011, http://www.bdcan.ca/banglanews/news.details.php2newsz1323.

Grande Ecossistema Marinho da Baía de Bengala (BOBLME) 2004, "National report on the Sustainable Management of the Bay of Bengal Large Marine Ecosystem", consultado em 15 de agosto de 2011 ,_http://www.boblme.org/uploads/Nat_Bangladesh.pdf

Coastal Development Partnership (CDP) 2011, 'Lessons from the Ground: An outreach effort of the Shrimp Aquaculture Dialogue (ShAD) to solicit feedbacks from the local Communities & Shrimp Farming stakeholders in Bangladesh', visualizado em 23 de agosto de 2011, www.worldwildlife.org/.../aquaculture/WWFBinaryitem18888... - Estados Unidos.

Chowdhury, MA, Shivakoti, GP & Salequzzaman, M 2006,' 'A concetual framework for the sustainability assessment procedures of the shrimp aquaculture industry in coastal Bangladesh', *International Journal of Agricultural Resources Governan. Ecol*, vol.5, pp.162-184.

Chowdhury, MA et al. 2010, 'Production Economics as an Indicator for Sustainable Development of Shrimp Farming', *Asia-Pacific Journal of Rural Development*, vol. 20, no. 1.

Davies et al. 2009, "Defining and estimating global marine fisheries by catch", *Marine Policy,* vol. 33, pp. 661-672.

Deb, AK 1998, "Fake blue revolution: environmental and socio-economic impacts of shrimp culture in the coastal areas of Bangladesh", *Ocean & Coastal Management,* vol.41, pp. 63-.88.

Deutsch, L et al. 2007, Feeding aquaculture growth through globalization: Exploitation of marine ecosystems for fishmeal, *Global Environmental Change,* vol. 17, pp. 238 -249.

Diana, JS 2009, 'Aquaculture Production and Biodiversity Conservation', **BioScience**, vol. 59, no. 1.

DoE (Department of Environment) 2011, Bangladesh, Compilation of Environmental Laws of Bangladesh administered by the Department of Environment, visualizado a 10 de junho de 2011, <http://www.doe- d.org/publications.html>.

DoF (Department of Fisheries) 2006, Shrimp sub strategy, consultado em 26 de outubro de 2011, http://www.fisheries.gov.bd/govtpolicie.

DoF (Department of Fisheries) 2011, consultado em 27 de outubro de 2011, http://www.fisheries.gov. bd/.

DoF (Department of Fisheries) 2011, "Bangladesh: Fish act and rules", consultado em 10 de junho de 2011, <http://www.fisheries.gov.bd/>.

CE (Comissão Europeia) 2002, *"Policy Research for Sustainable Shrimp* **Farming in Asia a comparative analysis of Bangladesh, India, Thailand, and Vietnam with particular reference to institutional and socio-economic** aspecfs, Viewed 12 June 2011, <http://www.bcas.net/publication/Documentation/PORESSFAfinal.pdf>.

CE (Comissão Europeia) 2002, "Policy Research for Sustainable Shrimp Farming in Asia a comparative analysis of Bangladesh, India, Thailand, and Vietnam with particular reference to institutional and socio-economic aspects", consultado em 14 de agosto de 2011, <http://www.bcas.net/publication/Documentation/PORESSFAfinal.pdf>.

EJF (Environmental Justice Foundation) 2004(a), *'Desert in the Delta: A report onthe environmental, human rights and social impacts of shrimp production in Bangladesh,*[3] Londres, Reino Unido, consultado em 11 de junho de 2011, <http://www.ejfoundation.org/pdf/desert_in_the_delta.pdf>.

EJF (Environmental Justice Foundation) 2003, "Smash and grab: conflict, corruption and human right abuses in the shrimp farming Industry", Environmental Justice Foundation, Londres, Consultado em 28 de outubro de 2011, http://www.ejfoundation.org.uk/shopforejf/index.php?route=product/product&path=35_38&product_id=75>.

EPB (Export Promotion Bureau BANGLADESH) 2011, *Export Trend, consultado* em 14 de junho de 2011, < http://www.epb.gov.bd/>.

Environmental Justice Foundation (EJF) 2004(a), 'Desert in the Delta: A report on the environmental, human rights and social impacts of shrimp production in Bangladesh", Environmental Justice Foundation, Londres, Reino Unido, consultado em 16 de agosto de 2011, http://www.ejfoundation.org/pdf/desert_in_the_delta.pdf>.

Environmental Justice Foundation (EJF) 2004(b), 'Farming the Sea, Costing the Earth: Why We Must Green the Blue Revolution', Londres, Reino Unido, consultado em 16 de agosto de 2011 ,<http://www.ejfoundation.org/pdf/farming_the_sea.pdf ->.

Export Promotion Bureau (EPB) 2011, Bangladesh, Export Trend,_visualizado a 22 de agosto de 2011, < http://www.epb.gov.bd/>.

FAO (Organização das Nações Unidas para a Alimentação e a Agricultura) 2011, 'Production from aquaculture by country and by species', consultado a 16 de agosto de 2011,<http://www.fao.org/ >.

FAO (Organização das Nações Unidas para a Alimentação e a Agricultura) 1995, Código de Conduta para uma Pesca Responsável, consultado em 11 de junho de 2011, <http://www.fao.org/docrep/005/v9878e/v9878e00.HTM>.

FAO (Organização das Nações Unidas para a Alimentação e a Agricultura) 1989, "Greening the economy with agriculture (gea)", consultado em 29 de outubro de 2011, <ww.fao.org/fileadmin/.../GEA__concept_note_3March_references_01.pd...>.

FAO (Organização das Nações Unidas para a Alimentação e a Agricultura) **2006,** 'International Principle for Responsible Fish Farming,' viewed 27 October 2011, <www.enaca.org/uploads/international-shrimp-principles-06.pdf>.

FAO (Organização das Nações Unidas para a Alimentação e a Agricultura) 2011, **Production cycle of Penaeus monodon,** visualizado em 24 de setembro de 2011, http://www.fao.org/fishery/culturedspecies/Penaeus monodon/en.

FEAP (Federation of European Aquaculture Producers) *1999,* "Code of Conduct for European Aquaculture", *consultado em 26 de setembro de 2011,* <www.feap.info/filelibrary/6/codefinald.pdf>.

Gain, P Undated, *'Attack of the shrimps, an investigative report,* Bangladesh/ visualizado a 13 de junho de 2010**,** <http://www.newint.org/issue267/attack.htm>.

Gopal, B & Chauhan, M 2006, 'Biodiversity and its conservation in the Sundarban Mangrove Ecosystem', *Aquaculture Science,* vol.68, pp. 338-354.

Greenpeace 2007, Greenpeace on industrial shrimp aquaculture - fast track to a dead end, Nova Zelândia, consultado em 23 de agosto de 2011, **<ftp://ftp.fao.org/docrep/fao/007/x3477b/x3477b06.pdf>.**

Gunawardena, M & Rowan, JS 2005, 'Economic valuation of a mangrove ecosystem threatened by shrimp aquaculture in Sri Lanka', *Environmental. Management*, vol. 36, pp. 535-550.

Hoq, ME 2007, "An analysis of fisheries exploitation and management practices in

Sundarbans mangrove ecosystem", Bangladesh, *Ocean & Coastal Management,* vol.50, pp. 411-427.

Islam, MS 2008, "Towards certification and eco labelling: a compliance study of Bangladesh shrimp aquaculture", Department of Fisheries, Bangladesh, relatório apresentado no âmbito do programa de formação universitária em matéria de pescas da ONU, consultado em 14 de agosto de 2011, < www.unuftp.is/static/fellows/document/seraj08prf.pdf>

Islam, MS e Haque, M 2004, "The mangrove-based coastal and near shore fisheries of Bangladesh: ecology, exploitation and management", *Reviews in Fish Biology and Fisheries,* vol. 14, pp. 153-180.

Islam, MS 2008, "Towards certification and ecolabelling: a compliance study of Bangladesh shrimp aquaculture", Department of Fisheries, Bangladesh.

Mizanur, M 2011, Upazilla Nirbahi Officer, Mongla, Bagerhat, Bangladesh.

MdC (Ministério do Comércio) 2011, Actos e Políticas, consultado em 1 de setembro de 2011, http://www.mincom.gov.bd/acts.php.

MdL (Ministério da Terra), Leis e Regras Relacionadas, consultado em 2 de setembro de 2011, <http://www.minland.gov.bd/>.

MoI (Ministry of Industries) 2011, consultado a 3 de setembro de 2011, <www.moind.gov.bd>.

MSC (Marine Stewardship Council) 1999, 'Fishery Standard Principles and Criteria for Sustainable Fishing,' viewed 9 September 2011 <http://www.msc.org/about-us/standards/standards/msc-environmental- standard>

Musa, KB 2008, Identifying Land Use Changes and It's Socio-Economic Impacts; A

Case Study of Chakoria Sundarban in Bangladesh, tese apresentada em cumprimento parcial dos requisitos para a obtenção do grau de mestre, departamento de informática e ciências da informação (ida), linkoping university, Suécia.

Nijera Kori 2011, "Industrial Shrimp culture", consultado a 23 de agosto de 2011, <http//www.nijerakori.org/>.

NOAA (National Oceanic and Atmospheric Administration of USA) em 2011, NOAA Guidance for aquaculture, consultado em 10 de setembro de 2011, < www.nmfs.noaa.gov/aquaculture/docs/noaadraftaqpolicy.pdf>.

Paez-Osuna, F 2001, The environmental impact of shrimp aquaculture: causes,effects, and mitigating alternatives, **Environmental. Management**, vol.28, pp.131-140.

Paul BG e Vogl CR, 2011, Impacts of shrimp farming in Bangladesh: Challenges and alternatives, **Ocean & Coastal Management**, vol. 54, pp. 201-211.

Paul, BG & Vogl, CR 2011, 'Impacts of shrimp farming in Bangladesh: Challenges and alternatives", Ocean & Coastal Management, vol. 54, pp. 201-211.

PIRSA (Primary Industries and Resources SA) 2002, 'Australian Aquaculture Code of Conduct,' viewed 18 September 2011, <http://www.pir.sa.gov.au/aquaculture/monitoring and assessment/code of conduct>.

primavera, JH 1997, 'Socio-economic impacts of shrimp culture', *Aquacult. Res*, vol. 28, pp. 815-827.

primavera, JH 2006 'Overcoming the impacts of aquaculture on the coastal zone', Ocean & Coastal Management, vol. 49, pp. 531-545.

Rahman, QA 2011, Oficial de Upazilla Nirbahi, Paikgacha, Khulna, Bangladesh.

Reunião do Fórum Consultivo Regional da Comissão de Pescas da Ásia-Pacífico (APFIC) 2009, "APFIC Regional Consultative workshop: Practical implementation of the ecosystem approach to fisheries and aquaculture,' 1822 May 2009, Colombo, Sri Lanka, Rap Publication 2009/10, viewed 9 October2011, <http://http://www.fao.org/docrep/012/i0944e/i0944e00.htm>.

Swapan, SH & Gavin, M 2011,'A desert in the delta: Participatory assessment of changing livelihoods induced by commercial shrimp farming in Southwest Bangladesh", Ocean & Coastal Management, vol. 54, pp.45-54.

Swapan, SH e Gavin, M 2011,'A desert in the delta: Participatory assessment of changing livelihoods induced by commercial shrimp farming in Southwest Bangladesh", *Ocean & Coastal Management,* vol. 54, pp.45-54.

Programa das Nações Unidas para o Ambiente (PNUA) 1999, "Environmental Impacts of Trade Liberalization and Policies for the Sustainable Management of Natural Resources: A Case Study on Bangladesh's Shrimp Farming Industry", consultado em 15 de agosto de 2011, <http://www.unep.ch/etu/etp/acts/capbld/rdone/bangladesh.pdf -/>.

Instituto de Investigação das Nações Unidas para o Desenvolvimento Social (UNRISD), 1996, Some Ecological and Social Implications of Commercial Shrimp Farming In Asia, consultado em 11 de setembro de 2011, <http://www.unrisd.org/80256B3C005BCCF9/(httpAuxPages)/.../dp74.pdf>.

USAID 2005, 'Shrimp Industry Study: Problems, Prospects and Intervention Agenda", relatório apresentado pela equipa de investigação do ATDP, consultado a 14 de agosto de 2011, < pdf.usaid.gov/pdf_docs/PNADE965.pdf>.

WCED (Comissão Mundial para o Ambiente e o Desenvolvimento) 1987, Relatório da Comissão Mundial para o Ambiente e o Desenvolvimento: Our Common Future, consultado em 15 de outubro de 2011, http://www.un-documents.net/ocf-02.htm#I.

MIX
Papier aus verantwortungsvollen Quellen
Paper from responsible sources
FSC® C105338

Printed by Books on Demand GmbH, Norderstedt / Germany